淡定的活法

浮躁社会的一杯清凉茶

人生于世苦恼本多，常令我们变得焦躁不安。欲孽、诱惑，以及无法满足的奢望总令我们患得患失，此时，何不平心静气，涤去杂念，珍惜现在的拥有，也许另一种幸福感便会油然而生。

释颢／编著

中国华侨出版社

图书在版编目（CIP）数据

淡定的活法/释颢编著. —北京：中国华侨出版社，2012.1
ISBN 978-7-5113-1911-1

Ⅰ.①淡… Ⅱ.①释… Ⅲ.①人生哲学—通俗读物 Ⅳ.①B821-49

中国版本图书馆 CIP 数据核字（2011）第 279412 号

● 淡定的活法

编　　者/释　颢
责任编辑/李　晨
经　　销/新华书店
开　　本/710×1000 毫米　1/16　印张 15　字数 220 千字
印　　数/5001-10000
印　　刷/北京一鑫印务有限责任公司
版　　次/2013 年 5 月第 2 版　2018 年 3 月第 2 次印刷
书　　号/ISBN 978-7-5113-1911-1
定　　价/29.80 元

中国华侨出版社　　北京市朝阳区静安里 26 号通成达大厦 3 层　　邮编 100028
法律顾问：陈鹰律师事务所
编辑部：（010）64443056　　64443979
发行部：（010）64443051　　传真：64439708
网　　址：www.oveaschin.com
e-mail：oveaschin@sina.com

前言

时下,人们常将"淡定"二字挂在嘴上,但"淡定"绝不是说说那么简单。有这样一则故事,说的是苏东坡在瓜州任职时,和金山寺的住持佛印禅师,相交莫逆,经常一起参禅论道。一日,苏东坡静坐之后,若有所悟,便赋诗一首,遣书童送给佛印禅师印证:

稽首天中天,毫光照大千。

八风吹不动,端坐紫金莲。

禅师从书童手中接过诗作,莞尔一笑,拿笔批了两个大字,叫书童带了回去。苏东坡见书童归来,以为禅师一定会赞赏自己修行的境界,急忙打开诗作,却赫然看见上面写着"放屁"两个大字,不禁怒火中烧,立刻乘船过江,找禅师理论。

船到金山寺时,佛印禅师已在岸边恭候多时。苏东坡见到禅师,大声质问:"大和尚!你我是至交道友,我的诗、我的修行,你不赞赏也就罢了,怎么可以恶语中伤?"

禅师若无其事地反问:"我骂你什么了?"

苏东坡把诗上批的"放屁"两字拿给禅师看。

禅师看过,哈哈大笑:"哦!你不是说'八风吹不动'吗?怎么就'一屁打过江'来了呢?"

苏东坡呆立半晌,终于恍然大悟,惭愧不已……

其实，关于淡定的解读有很多：

有人说，它是任苦难万千，荣辱不惊，泰山崩于前而色不变的勇气；

有人说，它是一扫昨日阴霾，笑迎明日朝阳的洒脱；

有人说，它是知进知退、能曲能容，不争一时的气度；

有人说，它是"不戚戚于贫贱，不汲汲于富贵"的修为；

有人说，它是爱情变味后潇洒挥手的智慧与优雅；

有人说，它是举案齐眉，相敬如宾的迁就与包容；

有人说，它是"闲看花开花落，漫随云卷云舒"的随性；

有人说，它是"身居红尘闹市，任心一片清净"的自守；

……

是的，上述种种，皆是淡定一个侧面的体现。总的来说，淡定就是一种境界，是生活的一种状态，是内在心态修炼到一定程度，所呈现出来的那种从容、优雅的感觉。

淡定，就是我们的淡然、我们的超脱、我们的看破！

当然，凡事皆淡定，或许极难做到。然而，若能通过自身的感悟、修炼，不断接近淡定，也不失为一种境界！

人生于世，苦恼本多，生活的焦虑、工作的压力、家庭的担忧，常令我们变得焦躁不安；欲望又来诱惑，无法满足的奢望总令我们患得患失。此时，何不淡定淡定，平心静气，涤去杂念，珍惜现在的拥有，也许另一种幸福感便会油然而生。

目录

第一辑　人生再多苦难，只需淡定从容

我们生活在一个竞争十分激烈的社会，有时在某方面一时落后，有时困难重重，有时失败连连，甚至有时被人嘲笑……无论什么时候，我们都应该保持淡定，都不能放弃努力；无论什么时候，我们都应该为自己播下希望的种子。

人总是在苦难中蜕变 ………………………………………… 2
生活没有你想象的那么糟糕 …………………………………… 5
感谢伤口 …………………………………………………… 7
着眼于"好处" ……………………………………………… 11
不是所有失去都意味着缺憾 …………………………………… 14
错过了，就别再放心上 ……………………………………… 17
抬起失败的头 ………………………………………………… 21
跌倒了，就再爬起来 ………………………………………… 23
顶天立地做人 ………………………………………………… 25
"顺应天命"也是一种不错的选择 …………………………… 28

1

第二辑　昨日已成昨日，还需活在今朝

昨日就是昨日，明日尚未到来，困顿于昨日之中，为明日感到迷茫，你只能日复一日地长吁短叹。人生幸福与否，关键不在过去，而在于你是否能够把握住现在。与其"瞻前顾后"，自怨自艾，莫不如好好地活在今天。

倒掉昨日那杯陈茶 …………………………………… 32
别用记忆惩罚自己 …………………………………… 34
放下是一种智慧 ……………………………………… 37
人因烦恼乱，无非绳未断 …………………………… 39
那些包袱，放不下也要放 …………………………… 41
活在现在 ……………………………………………… 44
多说几个"幸亏" ……………………………………… 46
归零 …………………………………………………… 49
与其内疚于心，不如尽力补救 ……………………… 51
走出人生的冬季 ……………………………………… 53
太阳每天都是新的 …………………………………… 56

第三辑　冲突在所难免，权且容下几分

生活中，免不了要碰上一些不愉快的事，如果一味地争吵，往往不但不能辩出个是非黑白来，反而会平添烦恼，甚至会气大伤身影响健康。其实只要彼此都理性一些、容忍一些、退让一些，事情就不会变得那么让人烦恼了。

多记着别人的好处 ················· 60
冲动是魔鬼 ······················· 62
谁说妥协就是懦弱 ················· 64
慎言最好 ························· 67
过分计较，总归是自己吃亏 ········· 69
忽略别人的无礼 ··················· 72
与亲与友，多一分和气 ············· 76
不嗔、不狂、不嚣张 ··············· 78
善待别人的过错 ··················· 81
量大则福大 ······················· 85
宽恕是一种净化 ··················· 87

第四辑　欲望沟壑难填，何苦为它癫狂

当你得到一个青苹果时，你是不是想得到一个红苹果？当你得到更多的红苹果时，你会不会因为没有选择其他水果而后悔？然而选择只有一个！如果你不能有效控制自己的欲望，永远不满足于已得到的；如果每每你得到时，就都会为相应的失去感到遗憾，如此一来，快乐又何处寻找？

欲望是永远也填不满的沟壑，只有理性地控制欲望，放弃那些令人负累的"奢求"，你才能有所获得。

养心莫善于寡欲 …………………………………………… 92
不贪为福 …………………………………………………… 95
不做赚钱的机器 …………………………………………… 97
不知足者不知乐 …………………………………………… 100
拥有花，就去深嗅花的芬芳 ……………………………… 102
切莫为物所役 ……………………………………………… 105
抓住最重要的 ……………………………………………… 109
看淡人生 …………………………………………………… 111
警惕欲望陷阱 ……………………………………………… 115
无求便是潇洒 ……………………………………………… 117
幸福的甜甜圈 ……………………………………………… 119

第五辑　不是每支恋曲，都有美好回忆

爱情是由两个人共同来描绘的，是两个完全平等的、有独立人格的人。为了爱情，你需要付出、需要努力，但并不是说，只要你付出了、你努力了，就一定会有结果，因为另一个人，并不受你的控制。

所以，无论你爱得有多深，付出的有多么多，如果另一个人执意要离开你，那么请你尊重他（她）的选择。

你应该意识到，你有一双自由的翅膀，完全可以飞离一朵已经变枯萎的花。

有缘未必有分 …………………………………………… 124
有些人你永远不必等 …………………………………… 126
看淡爱的流逝 …………………………………………… 130
不爱你是他（她）的损失 ……………………………… 132
女人，不要为爱情忽略自己 …………………………… 135
还有更适合你的人 ……………………………………… 138
挽救你的爱情 …………………………………………… 140

第六辑　家事清官难断，柔忍常怀心中

> 幸福的生活需要理解来支撑。一个家庭中，倘若人人都不懂得理解，都不能容他人说话，口不择言，每事必争，那么必然会吵得天翻地覆，一片狼藉。请记住，幸福需要一家人用心去经营，话要三思而言，事要三思而行，多一些包容，多一些克制，多一些迁就，才能弹奏出和谐的乐章。

正视婚姻，对家庭负责…………………………………144
爱在细节中绽放…………………………………………145
爱不需要太多虚华………………………………………147
信任他（她）……………………………………………150
女人糊涂一点，幸福就多一点…………………………152
爱得实际一点……………………………………………154
爱在现在时………………………………………………157
多一些检讨，多一些担当………………………………161
给婚姻些张力……………………………………………164
忍耐几分钟………………………………………………166
冷战，你惹不起…………………………………………168

第七辑　闲看花开花落，漫随云卷云舒

> 人世间的事，刻意去做往往事与愿违，不在意时却又"得来全不费工夫"。所谓"世间本无事，庸人自扰之"，对俗务琐事的过分关注，患得患失，其实正是我们烦恼的根源所在。

闲行闲坐任荣枯	172
简单是生活的真谛	175
"清醒地"活着	178
潇洒来去，苦乐皆成人生"美味"	181
丢掉过高的期望	183
活得随意些	186
饥来吃饭，困来即眠	189
让生活粗糙点	191
不要等砖块丢过来	194

第八辑　身居红尘闹市，任心一片清净

热闹场亦可作道场；只要自己丢下妄缘，抛开杂念，哪里不可宁静呢？如果妄念不除，即使住在深山古寺，一样无法修行。

每天让自己沉静几分钟，不要随着外在事物的流转而变动，不要放弃洗涤自己、净化自己。把心放在可以安定的位置，任凭风浪起，稳坐钓鱼台！你且静看那莲花初绽，出于淤泥，却依旧心净气洁，不染尘丝。

还心一片清净……………………………………………… 198
依本性处事………………………………………………… 200
做最真的自己……………………………………………… 203
平心静气，涤去杂念……………………………………… 205
超脱俗欲羁绊……………………………………………… 207
按捺住你的浮躁…………………………………………… 210
常怀忏悔之心……………………………………………… 213
不自是而露才……………………………………………… 216
"无常"面前多从容………………………………………… 219
耐得住一时寂寞…………………………………………… 222
莫为生死受折磨…………………………………………… 224

第一辑
人生再多苦难，只需淡定从容

我们生活在一个竞争十分激烈的社会，有时在某方面一时落后，有时困难重重，有时失败连连，甚至有时被人嘲笑……无论什么时候，我们都应该保持淡定，都不能放弃努力；无论什么时候，我们都应该为自己播下希望的种子。

人总是在苦难中蜕变

世事本无常，我们随时都会遇到困厄和挫折。遭遇生命中突如其来的困难时，你都是怎么看待的呢？不要把自己禁锢在眼前的困苦中，眼光放远一点，当你看得见成功的未来远景时，便能走出困境，达到你理想的目标。

我们的人生需要选择，我们的生命需要蜕变，每每苦难来袭，面临选择和放弃，我们都要有足够的勇气，改变自己，只有这样才能获得新生，才能铸就另一个辉煌！

老鹰是世界上寿命最长的鸟类，它的寿命可达70岁。但是如果想要活那么久，它就必须在40岁时做出困难却重要的抉择。

当老鹰活到40岁时，它的爪子开始老化，不能够牢牢地抓住猎物；它的喙变得又长又弯，几乎能碰到它的胸膛；它的翅膀也会变得十分沉重，因为它的羽毛长得又浓又厚，使它在飞翔的时候十分吃力。在这个时候，它是不会选择等死的，而是选择经过一个十分痛苦的过程来蜕变和更新，以便继续活下去。

这是一个漫长的过程：它需要经过150天的漫长锤炼，而且必须努力地飞到山顶，在悬崖的顶端筑巢，然后停留在那里不再飞翔。

首先，它要做的是用它的喙不断地击打岩石，直到旧喙完全脱落，然后经过一个漫长的过程，静静地等候新的喙长出来。之后，还要经历更为痛苦的过程：用新长出的喙把旧指甲一根一根地拔出来，当新的指甲长出来后，它再把旧的羽毛一根一根地拔掉，等待5个月后长出新的羽毛。

这时候，老鹰才能重新开始飞翔，从此可以再活30年的岁月！

对于老鹰来说，这无疑是一段痛苦的经历，但正是因为不愿在安逸中死去，正是对30年新生岁月的向往，正是对脱胎换骨后得以重新翱翔于天际的憧憬，燃起了它对新生活的渴望和改变自己的决心。要想延长自己的生命，获得重生的机会，它选择了经受几个月的痛苦。我们不能不为老鹰的这种勇于改变的勇气所折服。

人生又何尝不是如此？面对癌症，是草草地结束自己的生命以避免遭受肉体和精神的折磨，还是积极地治疗，创造生命的奇迹？陷入困境，是听天由命，等待命运的宣判，还是放手一搏，冒险寻求可能的转机？工作平淡无奇，碌碌无为，是安于现状，享受现有的安逸，还是勇于改变，寻求属于自己的一片天地？

主宰自己，做自己的主人。沮丧的面容、苦闷的表情、恐惧的思想和焦虑的态度是你缺乏自制力的表现，是你弱点的表现，是你不能控制环境的表现。它们是你的敌人，坚决拒绝它们！

有一个富翁，在一次大生意中亏光了所有的钱，并且还欠下了债，他卖掉房子、汽车，还清了债务。

此刻，他已孤独一人，无儿无女，穷困潦倒，唯有一只心爱的猎狗和一本书与他相依为命，相依相随。在一个大雪纷飞的夜晚，他来到一座荒僻的村庄，找到一个避风的茅棚。他看到里面有一盏油灯，于是用身上仅存的一根火柴点燃了油灯，拿出书来准备读书。但是一阵风忽然把灯吹灭了，四周立刻漆黑一片。这位孤独的老人陷入了黑暗之中，对人生感到痛彻的绝望，他甚至想到了结束自己的生命。但是，立在身边的猎狗给了他一丝慰藉，他无奈地叹了一口气沉沉睡去。

第二天醒来，他忽然发现心爱的猎狗也被人杀死在门外。抚摸着这只相依为命的猎狗，他突然决定要结束自己的生命，世间再没有什么值得留恋的了。于是，他最后扫视了一眼周围的一切。这时，他发现整个村庄都沉寂在一片可怕的寂静之中，他不由急步向前。啊！太可怕了！尸体！到处是尸体！一片狼藉。显然，这个村庄昨夜遭到了匪徒的洗劫，连一个活口也没留下来。

看到这可怕的场面，他不由心念急转——啊！我是这里唯一幸存的人，我一定要坚强地活下去。此时，一轮红日冉冉升起，照得四周一片光亮，他欣慰地想，我是这里唯一的幸存者，我没有理由不珍惜自己。虽然我失去了心爱的猎狗，但是，我得到了生命，这才是人生最宝贵的。

老人怀着坚定的信念，迎着灿烂的太阳重新出发。

人生总有得意和失意的时候，一时的得意并不代表永久的得意；在一时失意的情况下，如果你不能把心态调整过来，就很难再有得意之时。

故事中的老人，在失意甚至绝望的状态下，重新寻回了希望，赶走了悲伤。这不能不说是他人生中的又一大转折。

联想到我们日常的生活和学习，遇到失意或悲伤的事情时，我们一样要学会调整自己的心态。如果你的演讲、你的考试和你的愿望没有获得成功；如果你曾经因为鲁莽而犯过错误；如果你曾经尴尬；如果你曾经失足；如果你被训斥和谩骂……那么请不要耿耿于怀。对这些事念念不忘，不但于事无补，还会占据你的快乐时光。抛弃它吧！把它们彻底赶出你的心灵。如果你的声誉遭到了毁坏，不要以为你永远得不到清白，怀着坚定的信念勇敢地走向前吧！

让担忧和焦虑、沉重和自私远离你；更要避免与愚蠢、虚伪、错误、虚荣和肤浅为伍；还要勇敢地抵制使你失败的恶习和使你堕落的念头，你会惊奇地发现，你的人生之旅是多么地轻松、自由！

走出阴影，沐浴在明媚的阳光中。不管过去的一切多么痛苦、多么顽固，把它们抛到九霄云外。不要让担忧、恐惧、焦虑和遗憾消耗你的精力。把你的精力投入到未来的创造中去吧！

请记住：心若在，梦就在！

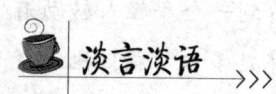

淡言淡语 >>>

我们都活在自己的希望当中，倘若真的有人无望地活着，那么只能说是一具行尸走肉。在现实生活中，很多人心理非常脆弱，一旦遭遇挫折或失败，就会感到无助与绝望，更有甚者甚至会丧失活下去的勇气。其实，只要我们能够在逆境中坚守希望，多半是会柳暗花明的。

生活没有你想象的那么糟糕

没有人生来就注定是个失败者，在人生这个竞技场上，能否超越自我，脱颖而出，关键要看你对于生活抱有一种什么样的态度，关键要看你怎样去经营自己的人生。那些只知怨天尤人、不思进取的人，将注定是要被社会所淘汰的。

事实上，这世界根本就没有过不去的坎，一时的失意绝不意味着一生失意。你要知道，在这个世界上，很多人远比你还要不幸！

有个穷困潦倒的推销员，每天都在抱怨自己"怀才不遇"，抱怨命运捉弄自己。

圣诞节前夕，家家户户热闹非凡，到处充满了节日的气氛。唯独他冷冷清清，独自一人坐在公园的长椅上回顾往事。去年的今天，他也是一个人，是靠酒精度过了圣诞节，没有新衣、没有新鞋，更别提新车、新房子了，他觉得自己就是这世界上最孤独、最倒霉的那一个人，他甚至为此产生过轻生的念头！

"唉！看来，今年我又要穿着这双旧鞋子过圣诞节了！"说着，他准备脱掉旧鞋子。这时，"倒霉"的推销员突然看到一个年轻人转动着轮椅从自己面前经过。他顿时醒悟："我有鞋子穿是多么幸福！他连穿鞋子的机会都没有啊！"从此以后，推销员无论做什么都不再抱怨，他珍惜机会，发愤图强，力争上游。数年以后，推销员终于改变了自己的生活，他成了一名百万富翁。

很多人天生就有残缺，但他们从未对生活丧失信心，从不怨天尤人，他们自强自立、不屈不挠，最终战胜了命运。可有些人，生来五官端正，手脚齐全，但仍在抱怨生活、抱怨人生，相比之下，难道我们不感到羞愧吗？丢开抱怨，用行动去争取幸福，你要明白：纵然是一双旧鞋子，但穿在脚上仍是温暖、舒适的，因为这世界上还有人连穿鞋的机会都没有！

当然，在麻烦、苦难出现时，人总会感觉内心不安或是意志动摇，这是很正常的。面临这种情况时，就必须不断地自励自勉，鼓起勇气，信心百倍地去面对，这才是最正确的选择。

有一名叫做鲁奥吉的青年，他在20岁那年骑摩托车出事故，腰部以下全部瘫痪。鲁奥吉在事后回忆说："瘫痪使我重生，过去我所能做的事都必须从头学习，就像穿衣、吃饭，这些都是锻炼，需要专注、意志力和耐心。"

鲁奥吉却以积极面对人生的态度声称，以前自己不过是个浑浑噩噩的加油站工人，整天无所事事，对人生没什么目标。车祸以后，他经历的乐趣反而更多，他去念了大学，并拿到语言学学位，他还替人做税务顾问，同时也是射箭与钓鱼的高手。他强调，如今，"学习"与"工作"是他所选择的最快乐的两件事。

的确，生命中收获最多的阶段，往往就是最难挨、最痛苦的时候，因为它迫使你重新检视反省，替你打开了内心世界，带来更清晰、更明确的方向。

要想生命尽在掌控之中是件非常困难的事，但日积月累之后，经验能帮助你汇集出一股力量，让你愈来愈能在人生赌局中进出自如。很多灾难在事过境迁之后回头看它，会发现它并没有当初看来那么糟糕，这就是生命的成熟与锻炼。

淡言淡语 >>>

学着与痛苦共舞，我们才能看清造成痛苦来源的本质，明白内在真相。更重要的是，它能让我们学到该学的功课。

感谢伤口

其实，我们应该感谢苦难，因为苦难让我们懂得了真正的生活。无论这苦难来自于生活抑或是情感，请从感谢苦难开始，反省自己、恢复自己。相信，你所经历的苦难，必然会成为你日后人生路上永远感谢的对象，因为没有这些苦难，你不会解悟，不会有今天的体会。

某人前往朋友家做客，方知朋友的3岁儿子罹患先天性心脏病，最近动过一次手术，胸前留下一道深长的伤口。

朋友告诉他，孩子有天换衣服，从镜中看见疤痕，竟骇然而哭。

"我身上的伤口这么长！我永远不会好了。"她转述孩子的话。

孩子的敏感、早熟令他惊讶；朋友的反应则更让他动容。

朋友心酸之余，解开自己的裤子，露出当年剖腹产留下的刀口给孩子看。

"你看，妈妈身上也有一道这么长的伤口。"

"因为以前你还在妈妈的肚子里的时候生病了，没有力气出来，幸好医生把妈妈的肚子切开，把你救了出来，不然你就会死在妈妈的肚子里面。妈妈一辈子都感谢这道伤口呢！"

"同样地，你也要谢谢自己的伤口，不然你的小心脏也会死掉，那样就见不到妈妈了。"

感谢伤口！——这四个字如钟鼓声直撞心头，孩子不由低下头，检视自己的伤口。

它不在身上，而在心中。

那时节，此人工作屡遭挫折，加上在外独居，生活寂寞无依，更加重了情绪的沮丧、消沉，但生性自傲的他不愿示弱，便企图用光鲜的外表、强悍的言语加以抵御。

隐忍内伤的结果，终致溃烂、化脓，直至发觉自己已经开始依赖酒精来逃避现状，为了不致一败涂地，才决定举刀割除这颓败的生活，辞职搬回父母家。

如今伤势虽未再恶化，但这次失败的经历却像一道丑陋的疤痕，刻划在胸口。认输、撤退的感觉日甚一日强烈，自责最后演变为自卑，使他彻底怀疑自己的能力。

好长一段时日，他蛰居家中，对未来裹足不前，迟迟不敢起步出发。

朋友让他懂得从另一方面来看待这道伤口：庆幸自己还有勇气承认失败，重新来过，并且把它当成时时警醒自己，匡正以往浮夸、矫饰作风的记号。

他要感谢朋友，更要感谢伤口！

心理学家曾经提出过"最优经验"的解释，意思是指，当一个人自觉能把体能与智力发挥到最极限的时候，就是"最优经验"出现的时候，而通常"最优经验"都不是在顺境之中发生的，反而是在千钧一发的危机与最艰苦的时候涌现。据说，许多在集中营里大难不死的囚犯，就是因为困境激发了他们采取最优的应对策略，最终能躲过劫难。

山中鹿之助是日本战国时代有名的豪杰，据说他时常向神明祈祷："请赐给我七难八苦。"很多人对此举都很不理解，就去请教他。鹿之助回答说："一个人的心志和力量，必须在经历过许多挫折后才会显现出来。所以我希望能借各种困难险厄，来锻炼自己。"而且他还做了一首短歌，大意如下："令人忧烦的事情，总是堆积如山，我愿尽可能地去接受考验。"

一般人对神明祈祷的内容都有所不同，一般而言，不外乎是利益方面。有些人祈祷更幸福，有人祈祷身体健康，甚或赚大钱，却没有人会祈求神明赐予更多的困难和劳苦。因此当时的人对于鹿之助这种祈求七难八苦的行为，不给予理解，是很自然的现象，但鹿之助依然这样祈祷。他的用意是想通过种种困难来考验自己，其中也有借七难八苦来勉励自己的用意。

鹿之助的主君尼子氏，遭到毛利氏的灭亡，因此他立志消灭毛利氏，替主君报仇。但当时毛利氏的势力正如日中天，尼子氏的遗臣中胆敢和毛利氏为敌的，可说少之又少，许多人一想到这是毫无希望的战斗，就心灰意冷。可是，鹿之助还是不时勉励自己，鼓舞自己的勇气。或许就是因为这个缘故，他才会祈祷神明赐予七难八苦。

其实，生活的现实对于我们每个人本来都是一样的。但一经各人不同"心态"的诠释后，便代表了不同的意义，因而形成了不同的事实、环境和世界。心态改变，则事实就会改变；心中是什么，则世界就是什么。心里装着哀愁，眼里看到的就全是黑暗，抛弃已经发生的令人不痛快的事情或经历，才会迎来新心情下的乐趣。

有一天，詹姆斯忘记关上餐厅的后门，结果早上三个武装歹徒闯入抢劫，他们要挟詹姆斯打开保险箱。由于过度紧张，詹姆斯弄错了一个号码，造成抢匪的惊慌，开枪射击詹姆斯。幸运的是，詹姆斯很快被邻居发现了，紧急送到医院抢救，经过18小时的外科手术以及长时间的悉心照顾，詹姆斯终于出院了，但还有颗弹头留在他身上……

事件发生6个月之后詹姆斯向朋友讲起了他的心路历程。詹姆斯说道："当他们击中我之后，我躺在地板上，还记得我有两个选择：我可以选择生，或选择死。我选择活下去。"

"你不害怕吗？"朋友问他。詹姆斯继续说："医护人员真了不起，他们一直告诉我没事，放心。但是在他们将我推入紧急手术间的路上，我看到医生跟护士脸上忧虑的神情，我真的被吓到了，他们的脸上好像写着——他已经是个死人了！我知道我必须要采取行动。"

"当时你做了什么？"朋友继续问。

詹姆斯说："当时有个护士用吼叫的音量问我一个问题，她问我是否会对什么东西过敏。我回答：'有。'这时，医生跟护士都停下来等待我的回答。我深深地吸了一口气喊着：'子弹！'等他们笑完之后，我告诉他们：'我现在选择活下去，请把我当做一个活生生的人来手术，不是一个活死人。'"

詹姆斯能活下来当然要归功于医生的精湛医术，但同时也得益于他令人惊异的态度。我们应从他身上学到，每天你都能选择享受你的生命，或是憎恨它。这是唯一一件真正属于你的权利，没有人能够控制或夺去的东西。如果你能时时记住这件事实，你生命中的其他事情都会变得容易许多。

心情的颜色会影响世界的颜色。如果一个人，对生活抱一种达观的态度，就不会稍有不如意，就自怨自艾，只看到生活中不完美的一面。在我们的身边，大部分终日苦恼的人，实际上并不是遭受了多大的不幸，而是自己的内心素质存在着某种缺陷，对生活的认识存有偏差。

事实上，生活中有很多坚强的人，即使遭受挫折，承受着来自于生活的各种各样的折磨，他们在精神上也会岿然不动。充满着欢乐与战斗精神的人们，永远不会被困难所打倒，在他们的心中始终承载着欢乐，不管是雷霆与阳光，他们都会给予同样的欢迎和珍视。

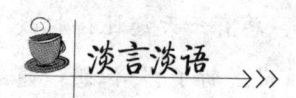

淡言淡语 >>>

心情的颜色影响着世界的颜色。苦恼的根源，实际上并不是遭受了多大的不幸，而是人的内心素质存在某种缺陷，对生活的认识存有偏差。

着眼于"好处"

不要抱怨自己总是灾难重重，耿耿于怀只会让你陷入迷茫，越来越颓废。其实，这世间的福与祸都是存在某种必然联系的，安逸纵然是福，但太过安逸，往往会消磨人的斗志，令人越发沉沦；困苦固然可以称之为祸，但却可以让人砥节砺行，保持清醒，以免陷入罪恶的深渊。中国有句古话——"祸兮福所倚，福兮祸所伏"，说的就是这个道理，想一想"塞翁失马"的故事，或许你就能对自身的处境释怀。

据说很久以前，在一个王国里，有位大臣特别聪明，而这位大臣也因他的聪明，受到国王格外的宠爱与信任。

这位聪明的大臣不论遇上什么事，总是愿意去看事物好的那一面，因此，别人给了他一个雅号"必胜大臣"。

国王喜爱打猎，有一次在追捕猎物的过程中，弄断了一节食指。国王剧痛之余，立即召来"必胜大臣"，征询他对这件断指意外的看法。

"必胜大臣"仍本着他的作风，轻松自在地告诉国王，这应是一件好事。

国王闻言大怒，认为"必胜大臣"在嘲讽自己，立时命左右将他拿下，关到监狱里待斩。

"必胜大臣"听后，笑着说："您不会杀我，总有一天您还得把我放出来。"国王听了满面怒色道："来人，给我拉出去斩了。"但想一想又道，"先押入死牢。"就这样"必胜大臣"被关到死牢。

国王的断指痊愈之后，忘了此事，又兴冲冲地忙着四处打猎。却不料带队误闯邻国国境，被丛林中埋伏的一群野人活捉。

依照野人的惯例，必须将活捉的这队人马的首领献祭给他们的神，于是便抓了国王放到祭坛上。正当祭奠仪式开始，主持仪式的巫师突然惊呼起来。

原来巫师发现国王断了一截的食指，而按他们部族的律例，献祭不完整的祭品给天神，是会遭天谴的。野人连忙将国王解下祭坛，驱逐他离开，另外抓了一位同行的大臣献祭。

国王狼狈地回到朝中，庆幸大难不死，忽然想到"必胜大臣"曾说过的话，立刻将他由牢中释放，并当面向他道歉。

一个人能否活得幸福，完全取决于他的人生态度。幸福者与不幸者之间的差别是：幸福者始终用最积极的思考、最乐观的精神和最有效的经验支配和控制自己的人生。不幸者则刚好相反，因为缺乏积极思维，他们的人生是受过去的失败和疑虑所引导和支配的。他们徘徊在失败的阴影里，只能眼看着别人幸福地生活。

乐观者总是善于在困境中发现有利于自己的契机，悲观者即便身处幸运之中，看到的也只是阴霾。都是活一辈子，为什么不放下悲伤，选择快乐呢？想做前者其实并不难，只要你能在看到阴影的时候，及时将头转向另一边。

一对孪生兄弟，虽然长得极其相像，但性格却迥然不同。哥哥天性乐观，看不出他有什么烦恼；弟弟却整日哭丧着脸，好像世界末日就要来临一样。

为使兄弟俩的性格综合一下，父亲给了弟弟一大堆玩具，而后又将哥哥关进马棚。过了一个小时，父亲前去观察这兄弟俩的动静，却发现哥哥正在不亦乐乎地挖着马粪，而弟弟则抱着玩具在哭。

"有这么多玩具陪你，你为什么还要哭呢？"父亲问弟弟。

"如果我玩这些玩具的话，它们就会变旧，有可能还会坏掉。"弟弟伤心地回答。

"为什么把你关进又脏又臭的马棚，你还这样高兴？"父亲转头问哥哥。

"我想看看能不能从马粪中挖出一只小马驹啊。"哥哥说完又跑进了马棚。

父亲长叹了一口气，从此放弃了改变二人的念头。

后来，这对兄弟长大成人，弟弟依旧那样悲观，他时常抱着半杯水发愁——哎！只剩下半杯了；哥哥还是那个乐天派，他会为发现半杯水而欣喜——感谢上帝，还为我留着半杯水！

再后来，弟弟一脸忧伤地离开了人世，他一生都没有开心过；哥哥走的时候，脸上则布满了微笑，他一生都没有忧伤过。

开心也是一生，不开心也是一生，为何要把自己埋于悲观之中，郁郁而终呢？做人，理应乐观一点、豁达一点，扫除心中的阴霾，你会发现天空一直是那样晴朗，生活一直是这般美好！

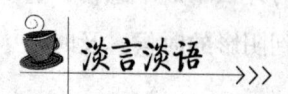

淡言淡语 >>>

换个角度看问题，当我们遭受磨难时，请敞开胸怀、放眼未来，不要悲观、不要抱怨，这便是"福"的开始。

不是所有失去都意味着缺憾

在人生道路上，在花花世界里，你是否看清：不是所有失去都意味着缺憾，不是所有得到都意味着圆满。

不要为失去的追悔伤心，也许失去意味着更好的得到，只要你选择的是纯洁而又美好的理想；不要为得到的而沾沾自喜，也许得到代表着你失去了更多，如果你选择的是虚荣而又自私的目标。

当我们在得与失之间徘徊的时候，只要还有选择的权利，那么，我们就应当以自己的心灵是否能得到安宁为原则。只要我们能在得失之间做出明智的选择，那么，我们的人生就不会被世俗所淹没。

山姆是一个画家，而且是一个很不错的画家。他画快乐的世界，因为他自己就是一个快乐的人。不过没人买他的画，因此他偶尔难免会有些伤感，但只是一会儿的时间。

"玩玩足球彩票吧！"朋友劝他，"只花2美元就有可能赢很多钱。"

于是山姆花 2 美元买了一张彩票,并且真的中了彩!他赚了 500 万美元。

"你瞧!"朋友对他说,"你多走运啊!现在你还经常画画吗?"

"我现在只画支票上的数字!"山姆笑道。

于是,山姆买了一幢别墅并对它进行了一番装饰。他很有品位,买了很多东西,其中包括:阿富汗地毯、维也纳橱柜、佛罗伦萨小桌、迈森瓷器、还有古老的威尼斯吊灯。

山姆满足地坐下来,点燃一支香烟,静静地享受着自己的幸福。突然,他感到自己很孤单,他想去看看朋友,于是便把烟蒂一扔,匆匆走出门去。

烟头静静地躺在地上,躺在华丽的地毯上……一个小时后,别墅变成一片火海,它完全被烧毁了。

朋友们在得知这一消息以后,都赶来安慰山姆:"山姆,你真是不幸!"

"我有何不幸呢?"山姆问道。

"损失啊!山姆,你现在什么都没有了。"朋友们说。

"什么呀?我只不过损失了 2 美元而已。"山姆答道。

人生漫长,每个人都会面临无数次选择。这些选择,可能会使我们的生活充满烦恼,使我们不断失去本不想失去的东西。但同样是这些选择,却又让我们在不断地获得。我们失去的,也许永远无法弥补,但我们得到的却是别人无法体会到的、独特的人生。面对得与失、顺与逆、成与败、荣与辱,我们要坦然视之,不必斤斤计较,耿耿于怀。否则,只会让自己活得很累。

其实,人在大得意中常会遭遇小失意,后者与前者比起来,可能微不足道,但是人们却往往会怨叹那小小的失,而不去想想既有的得。

须知，得到固然令人欣喜，失去却也没有什么值得悲伤的。得到的时候，渴望就不再是渴望了，于是得到了满足，却失去了期盼；失去的时候，拥有就不再拥有了，于是失去了所有，却得到了怀念。连上帝都会在关了一扇门的同时又打开一扇窗，得与失本身就是无法分离：得中有失，失中又有得。

《孔子家语》里记载：有一天楚王出游，遗失了他的弓，下面的人要找，楚王说："不必了，我掉的弓，我的人民会捡到，反正都是楚国人得到，又何必去找呢？"孔子听到这件事，感慨地说："可惜楚王的心还是不够大啊！为什么不讲人掉了弓，自然有人捡得，又何必计较是不是楚国人呢？"

"人遗弓，人得之"应该是对得失最豁达的看法了。就常情而言，人们在得到一些利益的时候，大都喜不自胜，得意之色溢于言表；而在失去一些利益的时候，自然会沮丧懊恼，心中愤愤不平，失意之色流露于外。但是对于那些志趣高雅的人来说，他们在生活中能"不以物喜，不以己悲"，并不把个人的得失记在心上。他们面对得失心平气和、冷静以待，超越了物质，超越了世俗，千百年来，令多少人"高山仰止，心向往之"。

淡言淡语 >>>

得与舍的关系是很微妙的，一个人一生中可能只能得到有限的几样东西，甚至几点东西。而这些东西可能要用一生的时间来换取，所以在这个意义上人生是个悲剧。这个世界上有那么多东西，又有那么多美好的东西，可是那一切好像与你无关，它对于你只是作为一种诱惑出现，你只能眼睁睁看着别人将它拿走。如果一点都放不开，什么都舍不得，什么都想得到，就会活得很累。其实你本来就一无所有，甚至这世界上本来就无你，从这点看，你已经获得了几样东西，最起码获得了生命和来世界走一遭的体验。命运对你还是不错的，起码在这个美好纷繁的世界上旅游了这些许年，所以你看，你是不是又得到了许多？

错过了，就别再放心上

生活中有一种痛苦叫错过。人生中一些极美、极珍贵的东西，常常与我们失之交臂，这时的我们总会因为错过美好而感到遗憾和痛苦。其实喜欢一样东西未必非要得到它，俗话说："得不到的东西永远是最好的。"

当你为一份美好而心醉时，远远地欣赏它或许是最明智的选择，错过它或许还会给你带来意想不到的收获。

我们匆匆行走于这个世界时，是否可以将一路的美景尽收眼底？是否可以将世间珍品都收归己有？不，不可能，甚至大多数的时候我们常常错过它们。于是，人生便有了"遗憾"这一词组。仔细想想，遗憾能给你留下什么？除了一种难以诉说的隐痛，似乎没有任何好处。所以，不要让自己总是怀有这种隐痛，"万事随缘"，既然你与之无缘，那就随它自去吧！

小孩在一处平静之地玩耍，这时来了一位禅师，他给了小孩一块糖，于是，小孩非常高兴。

过了一会儿，禅师看见小孩哭得很伤心，就问他为什么要哭，那小孩说："我把糖丢了。"

禅师想:"这小孩没糖时很平静,平白无故得到糖时很高兴,等到糖丢了时,便极度的伤心。那失去糖后,应与没得到糖时一样呀,又有什么伤心的呢!"

是啊!为什么要伤心呢?

岁月会把拥有变为失去,也会把失去变为拥有。你当年所拥有的,可能今天正在失去,当年未得到的,可能远不如今天你正拥有的。有时候错过正是今后拥有的起点,而有时拥有恰恰是今后失去的理由。

美国的哈佛大学要在中国招一名学生,这名学生的所有费用由美国政府全额提供。初试结束了,有30名学生成为候选人。

考试结束后的第十天,是面试的日子。30名学生及其家长云集在饭店等待面试。当主考官劳伦斯·金出现在饭店的大厅时,一下子被大家围了起来,他们用流利的英语向他问候,有的甚至还迫不及待地向他做自我介绍。这时,只有一名学生,由于起身晚了一步,没来得及围上去,等他想接近主考官时,主考官的周围已经是水泄不通了,根本没有插空而入的可能。

于是他错过了接近主考官的大好机会,他觉得自己也许已经错过了机会,于是有些懊丧起来。正在这时,他看见一个外国女人有些落寞地站在大厅一角,目光茫然地望着窗外,他想:身在异国的她是不是遇到了什么麻烦,不知自己能不能帮上忙。于是他走过去,彬彬有礼地和她打招呼,然后向她做了自我介绍,最后他问道:"夫人,您有什么需要我帮助的吗?"接下来两个人聊得非常投机。

后来这名学生被劳伦斯·金选中了,在30名候选人中,他的成绩并不是最好的,而且面试之前他错过了跟主考官套近乎、加深自己在主考官心目中印象的最佳机会,但是他却无心插柳柳成荫。原来,那位异国女子正是劳伦斯·金的夫人,这件事曾经引起很多人的震动:原来错过了美丽，收获的并不一定是遗憾，有时甚至可能是圆满。

人生要留一份从容给自己，这样就可以对不顺心的事，处之泰然；对名利得失，顺其自然。要知道世上所有的机遇并不都是为你而设的，人生总是有得有失，有成有败，生命之舟本来就是在得失之间浮沉！美丽的机会人人珍惜，然而却并非我们都能抓住，错过了的美丽不一定就值得遗憾。

有些美丽是不该错过的，而有些美丽则需要你去错过。

从前，一位旅行者听说有一个地方景色绝佳，于是他决定不惜一切代价也要找到那个地方，一饱秀色。可是经历了数年的跋山涉水、千辛万苦后，他已相当疲惫，但目的地依然渺无踪影。这时，有位老者给他指了一条岔路，告诉他美丽的地方很多很多，没必要沿着一条路走到底。他按老者的话去做了，不久他就看到了许多异常美丽的景色，他赞不绝口，流连忘返，庆幸自己没有一味地去找寻梦中那个美丽的地方。

生活就是如此，跋涉于生命之旅，我们的视野有限，如果不肯错过眼前的一些景色，那么可能错过的就是前方更迷人的景色，只有那些善于舍弃的人，才会欣赏到真正的美景。

有些错过会诞生美丽，只要你的眼睛和心灵始终在寻找，幸福和快乐很快就会来到。只是有的时候，错过需要勇气，也需要智慧。

喜欢一样东西不一定非要得到它。有时候，有些人为了得到他喜欢的东西，殚精竭虑，费尽心机，更有甚者可能会不择手段，以致走向极端。也许他在拼命追逐之后得到了自己喜欢的东西，但是在追逐的过程中，他失去的东西也无法计算，他付出的代价应该是很沉重的，是其得到的东西所无法弥补的。

为了强求一样东西而令自己的身心疲惫不堪，这很不划算，况且有些东西一旦你得到以后，日子一久或许就会发现它并不如原本想象中的好。如果你再发现你失去的比得到的东西更珍贵的时候，你一定会懊恼不已。俗话说："得不到的东西永远是最好的。"所以当你喜欢一样东西时，得到它也许并不是最明智的选择，而错过它却会让你有意想不到的收获。总之，人生需要一点随意和随缘，不为失去了的遗憾，也不为希求着的执著。无执、无贪，这便是禅的随性境界。

许多的心情，可能只有经历过之后才会懂得，如感情，痛过了之后才会懂得如何保护自己，傻过了之后才会懂得适时地坚持与放弃，在得到与失去的过程中，我们慢慢认识自己，其实生活并不需要这么些无谓的执著，没有什么真的不能割舍的，学会放弃，生活会更容易！

因此，在你感觉到人生处于最困顿的时刻，也不要为错过而惋惜。失去的折磨会带给你意想不到的收获。花朵虽美，但毕竟有凋谢的一天，请不要再对花长叹了。因为可能在接下来的时间里，你将收获雨滴的温馨和细雨的浪漫。

淡言淡语

毋庸置疑，在人这一生中，必然要经历无数次的错过，当我们失去了满以为可以得到的美好，总是会更加感叹人生路的难走。其实大可不必如此，不管人生错过了什么，我们都应致力于让自己的生命充满亮丽与光彩。

不要再为错过掉眼泪，笑着面对明天的生活，努力活出自己的精彩，前途也会是一片光明。

抬起失败的头

不经历风雨，怎能见彩虹！大风大浪中才能显示人的能力；大起大落时才能磨炼人的意志；大悲大喜才能提升人的境界；大羞大耻才能洗涤人的灵魂。人活在世界上，不可能一帆风顺，每个成功的故事里都写满了辛酸失败。敢于正视失败，能以正确的态度面对失败，不退缩、不消沉、不困惑、不脆弱，才能有成功的希望。

美国《生活》周刊曾评出过去一千年中100位最有影响力的人物，其中，托马斯·阿尔沃·爱迪生名列第一。

爱迪生的一生只上过3个月的小学，老师因为总被他古怪的问题问得张口结舌，竟然当着他母亲的面说他是个傻瓜，将来不会有什么出息。他母亲一气之下让他退学，由她亲自教育。此后，爱迪生的天资得以充分地展露。在母亲的指导下，他阅读了大量的书籍，并在家中自己建了一个小实验室。为筹集实验室的必要开支，他只得外出打工，当报童卖报纸。最后用积攒的钱在火车的行李车厢建了个小实验室，继续做化学实验研究。有一天，化学药品起火，几乎把这个车厢烧掉。暴怒的列车长把爱迪生的实验设备都扔下车去，还打了他几记耳光，爱迪生因此终生耳聋。

爱迪生虽未受过良好的学校教育，但凭着个人奋斗和非凡才智获得巨大成功。他以坚韧不拔的毅力，罕有的热情和精力从千万次的失败中站了起来，克服了数不清的困难，最终成为发明家和企业家。

仅从1869年到1901年，就取得了1328项发明专利。在他的一生中，平均每15天就有一项新发明，他因此而被誉为"发明大王"。

1914年12月的一个夜晚，一场大火烧毁了爱迪生的研制工厂，他因此而损失了价值近百万美元的财产。爱迪生安慰伤心至极的妻子说："不要紧，别看我已67岁了，可我并不老。从明天早晨起，一切都将重新开始，我相信没有一个人会老得不能重新开始工作的。灾祸也能给人带来价值，我们所有的错误都被烧掉了，现在我们又可以一切重新开始。"第二天，爱迪生不但开始动工建造新车间，而且又开始发明一种新的灯——一种帮助消防队员在黑暗中前进的便携式探照灯。火灾对爱迪生而言只是一段小小的插曲而已。

磨难并非是对一个人的摧残，而是一种锤炼。正如孟子所说："天将降大任于斯人也，必先苦其心志，劳其筋骨，饿其体肤。"每一个人都会经历不同的痛苦和磨难，当它们光顾的时候，只有勇敢地面对，征服它们，才能让自己不再低头，抬头挺胸，也才能彻底改变自己的命运。

内心充满希望，它可以为你增添一分勇气和力量，它可以支撑起你一身的傲骨。当莱特兄弟研制飞机的时候，许多人都讥笑他们是异想天开，当时甚至有句俗语说："上帝如果有意让人飞，早就使他们长出翅膀了。"但是莱特兄弟毫不理会外界的说法，终于发明了飞机。当伽利略以望远镜观察天体，发现地球绕太阳公转时，被百般阻挠，但是伽利略依然继续研究，并著书阐明自己的学说，终于在后来获得了证实。最伟大的成就，常属于那些在大家都认为不可能的情况下，却能坚持到底的人。坚持就是胜利，这是成功的一条秘诀。

人生总有重重磨难，它已然成为生活中一个不可缺少的部分，这些经历过的痛苦和磨难，是你的一笔财富、一种收获。也只有在你痛苦和难过的时候，你才会发现一些不起眼的东西、平常的东西，此时是多么的可贵和难得。更为可贵的是，在你经历了磨难的时候，你会发现只要战胜了自己向这些磨难妥协的念头，顺利之门就会打开。

淡言淡语

当我们遭遇厄运的时候，当我们面对失败的时候，当我们面对重大灾难的时候，只要我们仍能在自己的生命之杯中盛满希望之水，那么，无论我们遭遇什么样坎坷不幸之事，都能永葆快乐心情，我们的生命才不会枯萎。

跌倒了，就再爬起来

"英雄可以被毁灭，但是不能被击败。"跌倒了，爬起来，你就不会失败，坚持下去，你才会成功。不要因为命运的怪诞而俯首听命于它，任凭它的摆布。等你年老的时候，回首往事，就会发觉，命运只有一半在上帝的手里，而另一半则由你掌握，你一生的全部就在于：运用你手里所拥有的去获取上帝所掌握的。你的努力越超常，你手里掌握的那一半就越庞大，你获得的就越丰硕。

如果一个人把眼光拘泥于挫折的痛感之上，他就很难再有心思想自己下一步如何努力，最后如何成功。一个拳击运动员说："当你的左眼被打伤时，右眼就得睁得更大，这样才能够看清对手，也才能够有机会还手。如果右眼同时闭上，那么不但右眼也要挨拳，恐怕命都难保！"拳击就是这样，即使面对对手无比强劲的攻击，你还是得睁大眼睛面对受伤的感觉，如果不是这样的话一定会败得更惨。其实人生又何尝不是如此呢？

"幸运者"与"不幸者"的区别在于：幸运者总是充满自信，洋溢活力，而不幸者即使腰缠万贯，富甲一方，内心却往往灰暗而脆弱。

这就是所谓的自卑，是一种消极的自我评价或自我意识，即个体认为自己在某些方面不如他人而产生的消极情感，是一种危机心态。自卑是束缚创造力的一条绳索，人生要想活得精彩，首先要做的一项工作就是拒绝与自卑纠缠。

在这个世界上，最不值得同情的人就是被失败打垮的人，一个否定自己的人又有什么资格要求别人去肯定他？自卑者是这个世界上最可怜的人，因为他们的内心一直被自轻自贱的毒蛇噬咬，不仅丢失了心灵的新鲜血液，而且丧失了拼搏的勇气，更可悲的是，他们的心中已经被注入了厌世和绝望的毒液，乃至原本健康的心灵逐渐枯萎……

松下电器公司曾招聘一批基层管理人员，采取笔试与面试相结合的方法。计划招聘15人，报考的却有几百人。经过一周的考试和面试之后，通过电子计算机计分，选出了15位佼佼者。当松下幸之助将录取者一个个过目时，发现有一位成绩特别出色、面试时给他留下深刻印象的年轻人未在15位之列。这位青年叫神田三郎。于是，松下幸之助当即叫人复查考试情况。结果发现，神田三郎的综合成绩名列第一，只因电子计算机出了故障，把分数和名次排错了，导致神田三郎落选。松下立即吩咐手下纠正错误，给神田三郎发放了录用通知书。第二天，松下先生却得到一个惊人的消息：神田三郎因没有被录取而一下自卑起来，觉得自己一无是处，于是跳楼自杀了。录用通知书送到时，他已经死了。

松下知道之后沉默了好长时间，一位助手在旁边自言自语："多可惜，这么一位有才干的青年，我们没有录取他。"

"不，"松下摇摇头说，"幸亏我们公司没有录用他。如此自卑的人是干不成大事的。"

人生并非一帆风顺，因为求职未被录取而拿死亡来解脱自卑的情绪，简直太可惜了。

在人生崎岖的道路上，自卑这条毒蛇随时都会悄然地出现，尤其是当人迷惑、劳累困乏时，更要加倍地警惕。偶尔短时间地滑入自卑的状态是很正常的现象，但长期处于自卑之中就会酿成人生的灾难了。

所以说，要想堂堂正正地活着，首先就要有自信，有了自信才能产生勇气、力量和毅力。具备了这些，困难才有可能被战胜，目标才可能达到，胜利才可能拥有。但是自信绝非自负，更非痴妄，自信建筑在崇高和自强不息的基础之上才有意义。心中有自信，成功有动力。莎士比亚说过："自信是成功的第一步。"当你满怀激情踏上人生之路时，请带上自信出发，那么一切都将会改变。

淡言淡语 >>>

- 想要人生精彩，就不要轻易下结论否定自己，不要怯于接受挑战，只要开始行动，就不会太晚；只要去做，就总有成功的可能。世上能打败你的只有你自己，成功之门一直虚掩着，除非你认为自己不能成功，它才会关闭，而只要你自己觉得可能，那么一切就皆有可能。

顶天立地做人

懦弱的人害怕有压力，也害怕竞争。在对手或困难面前，他们往往不会坚持，而选择回避或屈服。懦弱者对于自尊并不忽视，但他们常常更愿意用屈辱来换回安宁。

当初，宋太祖赵匡胤肆无忌惮、得寸进尺地威胁欺压南唐。镇海节度使林仁肇有勇有谋，听闻宋太祖在荆南制造了几千艘战舰，便向李后主奏禀，宋太祖实是在图谋江南。南唐忠诚之士获知此事后，也纷纷向他奏请，要求前往荆南秘密焚毁战舰，破坏宋军南犯的计划。可李后主却胆小怕事，不敢准奏，以致失去防御宋军南侵的良机。

后来，南唐国灭，李后主沦为阶下囚，其妻小周后常常被召进宋宫，侍奉宋皇，一去就得好多天才能放出来，至于她进宫到底做些什么，作为丈夫的李后主一直不敢过问。只是小周后每次从宫里回来就把门关得紧紧的，一个人躲在屋里悲悲切切地抽泣。对于这一切，李煜忍气吞声，把哀愁、痛苦、耻辱往肚里咽。实在憋不住时，就写些诗词，聊以抒怀。

李煜虽然在诗词上极有造诣，然而作为一个国君、一个丈夫，他是一个懦夫、是一个失败者。

对于胆怯而又犹疑不决的人来说，获得辉煌的成就是不太可能的，正如采珠的人如果被鳄鱼吓住，是不可能得到名贵的珍珠的。事实上，总是担惊受怕的人不是一个自由的人，他总是会被各种各样的恐惧、忧虑包围着，看不到前面的路，更看不到前方的风景。正如法国著名的文学家蒙田所说："谁害怕受苦，谁就已经因为害怕而在受苦了。"懦夫怕死，但其实，他早已经不再活着了。

做人，就要做得有声有色，堂堂正正，顶天立地，无论你内心感觉如何，都要摆出一副赢家的姿态。就算你落后了，保持自信的神色，仿佛成竹在胸，会让你心理上占尽优势，而终有所成。

两个国家因边境问题发生冲突。强国首相接见了来访的小国大使。

小国大使的话充满了威胁："让步吧！我们兵强马壮，惹我们的人没好下场。"强国首相哈哈大笑："我们要比你们强大100倍。"

小国大使仍不示弱，继续恐吓对方："我国有25000人的精良部队，能够占领贵国。"

强国首相大笑："我们拥有的军队，人数多过你们100倍。"

谈判至此，小国大使显露慌张神色，表示必须先向国内请示之后，方能再继续谈下去。

当双方再度展开谈判时，小国大使的态度有了180度的转变，趋向妥协，转为向大国求和。

强国首相诧异对方的改变，以为小国受到己方国力强盛的震慑，故而细问小国大使求和的原因。

小国大使神色自若地回答："不是我们惧怕你们的兵力，而是我们的国土太小，实在容纳不下250万名的战俘。"这个故事看起来有点可笑，但从小国大使的身上你却能够看到一种姿态，一种必胜的姿态。

有自信的人，从未想过失败。即使是像这个小国，实力如此薄弱，却依然考虑的是战胜后，狭窄的国土是否容纳得下为数众多的战俘。谁说弱者必败？

世上没有任何绝对的事情，懦夫并不注定永远懦弱，只要他鼓起勇气，大胆向困难和逆境宣战，并付诸行动，依然可以成为勇士。正像鲁迅所说："愿中国青年都摆脱冷气，只是向上走，不必听自暴自弃者说的话。能做事的做事，能发声的发声，有一分热，发一分光，就像萤火一般，也可以在黑暗里发一点光，不必等待炬火。"

淡言淡语

对自己有绝对信心的人，可以克服任何的困难与挫折。他们的眼光，只定位在成功的一方；信心正确地引导着他们，一路披荆斩棘奋勇直前。

"顺应天命"也是一种不错的选择

在生活中，有些人因为阅历不够，常常会碰到一些无法改变的事情。遇到这些事情，不要去硬拼，没必要非弄个鱼死网破，因为鱼死了网也未必会破；也不必弄个玉碎瓦全，因为碎了的玉和瓦没什么区别，不如去顺应、去配合，把自己磨得圆滑一些。

一位美国旅行者来到苏格兰北部。他问一位坐在墙角的老人："明天天气怎么样？"

老人看也没看天空就回答说："是我喜欢的天气。"

旅行者又问："会出太阳吗？"

"我不知道。"老人回答。

"那么，会下雨吗？"

"我不想知道。"

这时旅行者已经完全被搞糊涂了。"好吧，"他说，"如果是你喜欢的那种天气，那会是什么天气呢？"

老人看着美国人，慢慢说道："很久以前我就知道自己无法控制天气，所以不管天气怎样，我都会喜欢。"

既然控制不了，就选择去喜欢！不要固执地扛住不放，有时，"顺应天命"也是一种不错的选择。别为你无法控制的事情而烦恼，你要做的是决定自己对于既成事实的态度。

生活中发生的很多事情也许已将我们磨得失去了耐性，可是没有办法改变，又能怎么办呢？最好的办法，就是把生活当成自己的情人吧，在经受挫折时，就当是她在发脾气，不要与她计较，哄哄她也是一种生活的情调。

生活就是这样，当你没办法改变世界时，唯一的方法就是改变自己。

许多年前，一个妙龄少女来到酒店当服务员。这是她的第一份工作，因此她很激动，暗下决心：一定要好好干。她想不到的是：上司安排她洗厕所。洗厕所！说实话没人爱干，何况她从未干过这种粗重又脏累的活，细皮嫩肉、喜爱洁净的她干得了吗？她陷入了困惑、苦恼之中，也哭过鼻子。

这时，她面临着人生的一大抉择：是继续干下去，还是另谋职业？继续干下去——太难了！另谋职业——知难而退？她不甘心就这样败下阵来，因为她曾下过决心：人生第一步一定要走好，马虎不得！这时，同单位一位前辈及时出现在她面前，帮她摆脱了困惑、苦恼，帮她迈好了这人生的第一步，更重要的是帮她认清了人生之路应该如何走。他并没有用空洞的理论去说教，只是亲自做给她看了一遍。

首先，他一遍遍地抹洗着马桶，直到抹洗得光洁如新；然后，他从马桶里盛了一杯水，一饮而尽，竟然毫不勉强。实际行动胜过万语千言，他不用一言一语就告诉了少女一个极为朴素、极为简单的真理：光洁如新，要点在于"新"，新则不脏，因为不会有人认为新马桶脏，也因为新马桶中的水是不脏的，所以是可以喝的；反过来讲，只有马桶中的水达到可以喝的洁净程度，才算是把马桶洗得"光洁如新"了，而这一点已被证明可以办得到。

　　同时，他送给她一个含蓄的、富有深意的微笑，送给她关注的、鼓励的目光。这已经够用了，因为她早已激动得几乎不能自持，从身体到灵魂都在震颤。她目瞪口呆，热泪盈眶，恍然大悟，如梦初醒！她痛下决心："就算一生洗厕所，也要做一名洗厕所最出色的人！"

　　从此，她成为一个全新的、振奋的人，她的工作质量也达到了那位前辈的高水平。当然，她也多次喝过马桶水，为了检验自己的自信心，为了证实自己的工作质量，也为了强化自己的敬业心。

　　在生活和工作中，我们会遇到许多的不如意。比如，你是一个刚毕业的学生，很喜欢编辑的工作，可是摆在你面前的就只有文员的角色；你是一个准妈妈，很想要个儿子，可是生下来的偏偏是女儿；你正处于事业的爬坡期，你以为升职的名单里会有你，可是另一个你认为不如你的人却取代你升了职……既然改变不了事实，那么我们何不顺应环境，理清思绪，让自己重新开始呢？

淡言淡语 >>>

　　没有人可以事事顺心如意，哪怕是古时的皇帝。别用你的固执，去挑战生活的脾气，对于那些无力改变的事情，我们不妨用积极的心态去接受它、去改变它，让它渐渐变成你想要的模样。

第二辑
昨日已成昨日,还需活在今朝

昨日就是昨日,明日尚未到来,困顿于昨日之中,为明日感到迷茫,你只能日复一日地长吁短叹。人生幸福与否,关键不在过去,而在于你是否能够把握住现在。与其"瞻前顾后",自怨自艾,莫不如好好地活在今天。

倒掉昨日那杯陈茶

对于过去因一时的过错而带来的不幸和挫折，我们不应耿耿于怀。《坛经》上说"改过必生智慧，护短心内非贤"，意思有两个，一个是说知错能改善莫大焉，另一个就是让人们不要总停留在过去，过去的成功也罢失败也好，都不能代表现在和未来。

唐代文学家、哲学家柳宗元对于禅学也颇有研究，他所作的《禅堂》一诗就暗藏着深刻禅理——

万籁俱缘生，杳然喧中寂。
心境本同如，鸟飞无遗迹。

这首诗是柳宗元被贬之后所作的，前两句诗的意思是，大自然的一切声响都是由因缘而生，那么，透过因缘，能够看到本体；在喧闹中，也能够感受到静寂。后两句意思是说，心空如洞，更无一物，所以就能不被物所染，飞鸟（指外物）掠过，也不会留下痕迹。它不仅写出了被贬之后的幽独处境，而且道出了禅学对这种心境的影响。

可以说人的一生由无数的片段组成，而这些片段可以是连续的，也可以是风马牛毫无关联的。说人生是连续的片段，无非是人的一生平平淡淡、无波无澜，周而复始地过着循环往复的日子；说人生是不相干的片段，因为人生的每一次经历都属于过去，在下一秒我们可以重新开始，可以忘掉过去的不幸、忘掉过去不如意的自己。

在雨果不朽的名著《悲惨世界》里，主人公冉·阿让本是一个勤劳、正直、善良的人，但穷困潦倒，度日艰难。为了不让家人挨饿，迫于无奈，他偷了一个面包，被当场抓获，判定为"贼"，锒铛入狱。

出狱后，他到处找不到工作，饱受世俗的冷落与耻笑。从此他真的成了一个贼，顺手牵羊，偷鸡摸狗。警察一直都在追踪他，想方设法要拿到他犯罪的证据，以把他再次送进监狱，他却一次又一次逃脱了。

在一个风雪交加的夜晚，他饥寒交迫，昏倒在路上，被一个好心的神父救起。神父把他带回教堂，但他却在神父睡着后，把神父房间里的所有银器席卷一空。因为他已认定自己是坏人，就应干坏事。不料，在逃跑途中，被警察逮个正着，这次可谓人赃俱获。

当警察押着冉·阿让到教堂，让神父辨认失窃物品时，冉·阿让绝望地想："完了，这一辈子只能在监狱里度过了！"谁知神父却温和地对警察说："这些银器是我送给他的。他走得太急，还有一件更名贵的银烛台忘了拿，我这就去取来！"

冉·阿让的心灵受到了巨大的震撼。警察走后，神父对冉·阿让说："过去的就让它过去，重新开始吧！"

从此，冉·阿让洗心革面，重新做人。他搬到一个新地方，努力工作，积极上进。后来，他成功了，毕生都在救济穷人，做了大量对社会有益的事情。

冉·阿让正是由于摆脱了过去的束缚，才能重新开始生活、重新定位自己。

人们也常说，"好汉不提当年勇"，同样，当年的辉煌仅能代表我们的过去，而不代表现在。面对过去的辉煌也好、失意也罢，太放在心上就会成为一种负担，容易让人形成一种思维定势，结果往往令曾经辉煌过的人不思进取，而那些曾经失败过的人依然沉沦、堕落。然而这种状态并非是一成不变的。

有一天，有位大学教授特地向著名禅师问禅，禅师只是以茶相待，

第二辑　昨日已成昨日，还需活在今朝

33

却不说禅。

他将茶水注入这位来客的杯子，直到杯满，还是继续注入。这位教授眼睁睁地望着茶水不停地溢出杯外，再也不能沉默下去了，终于说道："已经溢出来了，不要再倒了！"

"你就像这只杯子一样。"禅师答道，"里面装满了你自己的看法和想法。你不先把你自己的杯子空掉，叫我如何对你说禅呢？"

人生就是如此，只有把自己"茶杯中的水"倒掉，才能让人生注入新的"茶水"。

淡言淡语

上天赐给我们很多宝贵的礼物，其中之一即是遗忘。不过，人们在过度强调记忆的好处以后，往往忽略了遗忘的重要性。

世人很容易将欢乐的时光忘却，但却对哀愁情有独钟，这显然是对遗忘哀愁的一种抗拒。换而言之，人们习惯于淡忘生命中美好的一切，而对于痛苦的记忆，却总是铭记在心。难道是因为它给你记忆深刻才无法遗忘吗？

当然不是，这完全是出于你对过去的执著。其实，昨日已成昨日，昨日的辉煌与痛苦，都已成为过眼云烟，何必还要死死守着不放？倒掉昨日的那杯茶，这样你的人生才能洋溢出新的茶香。

别用记忆惩罚自己

人的记忆对人本身是一种馈赠，同时也是一种惩罚，心胸宽阔的人，用它来馈赠自己，心胸狭隘的人则用它惩罚自己。

有师徒二人在山上修行。徒弟很小就来到山上，从未下过山。

徒弟长大后，师傅带他下山化缘。由于长期离群索居，徒弟见了牛羊鸡犬都不认识。师傅一一告诉徒弟："这叫牛，可以耕田；这叫马，人可以骑；这叫鸡，可以报晓；这叫狗，可以看门。"

徒弟觉得很新鲜。

这时，走来一个少女，徒弟惊问："这又是什么？"

老和尚怕他动凡心，因而正色说道："这叫老虎，人要接近她，就会被吃掉。"

徒弟答应着。

晚上他们回到山顶，师傅问："徒儿，你今天在山下看到了那么多东西，现在可还有在心头想念的？"

徒弟回答："别的什么都不想，只想那吃人的老虎。"

人的本性中有一种叫做记忆的东西，美好的容易记着，不好的则更容易记着。所以大多数人都会觉得自己不是很快乐。那些觉得自己很快乐的人是因为他们恰恰把快乐的记着，而把不快乐的忘记了。这种忘记的能力就是一种宽容，一种心胸的博大。生活中，常常会有许多事让我们心里难受。那些不快的记忆常常让我们觉得如鲠在喉。而且，我们越是想，越会觉得难受，那就不如选择把心放得宽阔一点，选择忘记那些不快的记忆，这是对别人，也是对自己的宽容。

拿掉别人身上的束缚，就等于是给自己恢复自由身，尤其是在爱情的"事故"里。

一位美国人带着即将读大学的孩子去欧洲旅行，因为那里留有他青春的痕迹，旧地重游，很是亲切，还有一缕说不出的伤感，因为曾失却的爱，就在这里。

和儿子进入大学城内的餐厅用餐，才刚坐下，父亲即面露惊讶神色。原来，这家餐厅的老板娘，竟是当年他在此求学时追求的对象。

20多年岁月变更，当年的粉面桃花早已不再。父亲告诉儿子说，她是一家酒吧主人的千金，她的笑容与气质深深地吸引着他。虽然女孩父亲反对他们往来，但两颗热恋的心早已融化所有的障碍，他们决定私奔。

这位美国人托友人转交一封信给女孩，约定私奔的日期和去向。很遗憾，他等了一天，却没看到女孩出现，只看见满天嘲弄的星辰，怀抱琴弦，却弹奏失望。他只好带着一张毕业证书回到美国。

儿子听得如痴如醉。突然，他问父亲，当年他在信上如何注明日期。因为美国表示日期的方式是先写月份，后写日期；而欧洲是先写日期，再写月份。

父亲恍然大悟，原来自己约定的日期10月11日，女孩却以欧洲的读法，判断为11月10日。一个月的时序误会，因而错失一段美好的姻缘。

20多年来，他一直想用恨来冲淡想念；20多年来，那女孩呢？她一定也在恨那个"薄情郎"。这位年近50岁的美国人，很想走过去，告诉老板娘：我们都错了，只为一个日期的误读，不为爱情。

两个对的人，却在错的时候，爱上一回。

最终，这位父亲没有站出来揭开谜底，只是默默地买单，然后轻松地回家。因为他已在心中彻底地为一个爱情"事故"中的无辜女主角昭雪。

把相恋时的狂喜化成披着丧衣的白蝴蝶，让它在记忆里翩飞远去，永不复返，净化心湖。与绝情无关——唯有淡忘，才能在大悲大喜之后炼成牵动人心的平和；唯有遗忘，才能在绚烂已极之后炼出处变不惊的恬然。

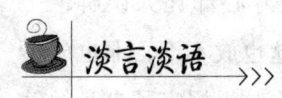

> **淡言淡语**
>
> 相信，每个人都希望自己能如孩提时那般无忧无虑。那么我们就要像孩子一样善于淡忘——淡忘那些该淡忘的人、事、物。学会了淡忘，你就拥有了一把能够斩断坏心绪的利刃。

放下是一种智慧

放下，是一种智慧，是我们发展的必由之路。漫漫人生路，只有学会放下，才能轻装前进，才能不断有所收获。

一位少年背着一个砂锅赶路，不小心绳子断了，砂锅掉到地上摔碎了。少年头也不回地继续向前走。路人喊住少年问："你不知道你的砂锅摔碎了吗？"少年回答："知道。"路人又问："那为什么不回头看看？"少年说："既然碎了，回头看有什么用？"说完，他又继续赶路。

故事中的少年是明智的，既然砂锅都碎了，回头看又有什么用呢？人生中的许多失败也是同样的，已经无法挽回，惋惜悔恨于事无补，与其在痛苦中挣扎浪费时间，还不如重新找一个目标，再一次奋发努力。

人的一生，需要我们放下的东西很多。孟子说，鱼与熊掌不可兼得，如果不是我们应该拥有的，就果断抛弃吧。几十年的人生旅途，有所得，亦会有所失，只有适时放下，才能拥有一份成熟，才会活得更加充实、坦然和轻松。

但是，在现实生活中，许多人放不下的事情实在太多了。比如做了错事，说了错话，受到上司和同事的指责，或者好心却让人误解，于是，心里总有个结解不开……总之，有的人就是这也放不下，那也放不下；想这想那，愁这愁那；心事不断，愁肠百结，结果损害了自身的健康和寿命。有的人之所以感觉活得很累，无精打采，未老先衰，就是因为习惯于将一些事情吊在心里放不下来，结果把自己折腾得既疲劳又苍老。其实，简单地说，让人放不下的事情大多是在财、情、名这几个方面。想透了、想开了，也就看淡了，自然就放得下了。

人们常说："举得起、放得下的是举重，举得起、放不下的叫做负重。"为了前面的掌声和鲜花，学会放下吧。放下之后，你会发现，原来你的人生之路也可以变得轻松和愉快。

生活有时会逼迫你不得不交出权力，不得不放走机遇。然而，有时放弃并不意味着失去，反而可能因此获得。要想采一束清新的山花，就得放弃城市的舒适；要想做一名登山健儿，就得放弃娇嫩白净的肤色；要想穿越沙漠，就得放弃咖啡和可乐；要想拥有简单的生活，就得放弃眼前的虚荣；要想在深海中收获满船鱼虾，就得放弃安全的港湾。

今天的放下，是为了明天的得到。干大事业者不会计较一时的得失，他们都知道如何放下、放下些什么。一个人倘若将一生的所得都背负在身，那么纵使他有一副钢筋铁骨，也会被压倒在地。

昨天的辉煌不能代表今天，更不能代表明天。我们应该学会放下：放下失恋带来的痛楚，放下屈辱留下的仇恨，放下心中所有难言的负荷，

放下耗费精力的争吵，放下没完没了的解释，放下对权力的角逐，放下对金钱的贪欲，放下对虚名的争夺……凡是次要的、枝节的、多余的、该放下的，都应该放下。

淡言淡语

失恋了，总不能一直沉溺在忧郁与消沉的情境里，必须尽快放下；股市失利，损失了不少钱，当然心情苦闷，提不起精神，此时，也只有尝试去放下；期待已久的职位升迁，当人事令发布后竟然不是自己，情绪之低落可想而知，解决之道无他——只有强迫自己放下。

人因烦恼乱，无非绳未断

在《坛经》中，慧能禅师曾一语道破"风动"与"幡动"的本质皆为"心动"。内心空明、不被外界所扰，这是修禅者应该达到的基本境界，也是人们行事处世的快乐之本。

有位禅师曾做过一首名为《无题》的诗偈，正好诠释了慧能禅师的意思——

春有百花秋有月，夏有凉风冬有雪。
若无闲事挂心头，便是人间好时节。

此偈的首两句描写大自然的景致：春花秋月，夏风冬雪，皆是人间胜景，令人赏心悦目，心旷神怡。然而禅师将话锋一转又说，世间偏偏有人不能欣赏当下拥有的美好，而是怨春悲秋，厌夏畏冬，或者是夏天里渴望冬日的白雪，而在冬日里又向往夏天的丽日，永无顺心遂意的时候。这是因为总有"闲事挂心头"，纠缠于琐碎的尘事，从而迷失了自我。只要放下一切，欣赏四季独具的情趣和韵味，用敏锐的心去感悟体

第二辑 昨日已成昨日，还需活在今朝

会，不让烦恼和成见梗住心头，便随时随地可以体悟到"人间好时节"的佳境禅趣。

一个无名僧人，苦苦寻觅开悟之道却一无所得。这天他路过酒楼，鞋带开了。就在他整理鞋带的时候，偶然听到楼上歌女吟唱道："你既无心我也休……"刹那之间恍然大悟。于是和尚自称"歌楼和尚"。

"你既无心我也休"，在歌女唱来不过是失意恋人无奈的安慰：你既然对我没有感情，我也就从此不再挂念。虽然唱者无心，但是无妨听者有意。在求道多年未果的和尚听来，"你既无心我也休"却别有滋味。在他看来，所谓"你"意味着无可奈何的内心烦恼，看似汹涌澎湃，实际上却是虚幻不实，根本就是"无心"。既然烦恼是虚幻，那么何必去寻求去除烦恼的方法呢？

只要我们正在经历生活，就免不了会有一些事情占据心间挥之不去，让我们吃不下、睡不着，然而这些事情却并非那些重要得让我们非装着不可的事情，只是我们忧人自扰罢了。

有一个年轻人从家里出门，在路上看到了一件有趣的事，正好经过一座寺院，便想考考老禅师。他说："什么是团团转？"

"皆因绳未断。"老禅师随口答道。

年轻人听了大吃一惊。

老禅师问道："什么事让你这样惊讶？"

"不，老师父，我惊讶的是，你是怎么知道的呢？"年轻人说，"我今天在来的路上，看到了一头牛被绳子穿了鼻子，拴在树上，这头牛想离开这棵树，到草场上去吃草，谁知它转来转去，就是脱不开身。我以为师父没看见，肯定答不出来，却没想到你一开口就说中了。"

老禅师微笑道："你问的是事，我答的是理；你问的是牛被绳缚而不得脱，我答的是心被俗务纠缠而不得解脱，一理通百事啊。"

年轻人大悟。

一只风筝，再怎么飞，也飞不上万里高空，因为被绳子牵住；一匹马再怎么烈，也摆脱不了任由鞭抽，是因为被绳子牵住。因为一根绳子，风筝失去了天空；因为一根绳子，水牛失去了草地；因为一根绳子，大象失去了自由；还是因为一根绳子，骏马无法驰骋。

细想想，我们的人生，不也常被某些无形的绳子牵着吗？某一阶段情绪不太好，是不是因为自己存在某种心结？这则故事是不是也能给你带来一些启示呢？

淡言淡语 >>>

人生中不如意事十之八九，得失随缘吧，不要过分强求什么，不要一味地去苛求些什么。世间万事转头空，名利到头一场梦，想通了、想透了，人也就透明了，心也就豁达了。名利是绳，贪欲是绳，嫉妒和偏狭也是绳，还有一些过分的强求也是绳。牵绊我们的绳子很多，一个人，只有摆脱这些心的绳索，才能享受到真正的幸福，才能体会到做人的乐趣。

那些包袱，放不下也要放

人生的成或败、乐或悲，有相当一部分取决于自己的心态。一个人心里想着快乐的事情，他就会变得快乐；心里想着伤心的事情，心情就会变得灰暗。那么，我们为何不放下烦恼，让自己活得更加快乐呢？

有一位少妇忍受不住人生苦难，遂选择投河自尽。恰恰此时，一位老艄公划船经过，二话不说便将她救上了船。

艄公不解地问道："你年纪轻轻，正是人生当年时，又生得花容月貌，为何偏要如此轻贱自己、要寻短见？"

少妇哭诉道："我结婚至今才两年时间，丈夫就有了外遇，并最终遗弃了我。前不久，一直与我相依为命的孩子又身患重病，最终不治而亡。老天待我如此不公，让我失去了一切，你说，现在我活着还有什么意思？"

艄公又问道："那么，两年以前你又是怎么过的呢？"

少妇回答："那时候自由自在，无忧无虑，根本没有生活的苦恼。"她回忆起两年前的生活，嘴角不禁露出了一抹微笑。

"那时候你有丈夫和孩子吗？"艄公继续问道。

"当然没有。"

"那么，你不过是被命运之船送回了两年前，现在你又自由自在，无忧无虑了。请上岸吧！"

少妇听了艄公的话，心中顿时敞亮许多，于是告别艄公，回到岸上，看着艄公摇船而去，仿佛如做了个梦一般。从此，她再也没有产生过轻生的念头。

无论是快乐抑或是痛苦，过去的终归要过去，强行将自己困在回忆之中，只会让你倍感痛苦！无论明天会怎样，未来终会到来，若想明天活得更好，你就必须以积极的心态去迎接它！你要认识到，即便曾经一败涂地，也不过是被生活送回到了原点而已。

其实，每个人的一生都是在不断地得失中度过的，我们的不如意和不顺心，其实都与在得失之间的心理调适做得不够有关系。人生如白驹过隙，如果我们在得失之间执迷不悟，是否太亏欠这似水年华呢？学会舍弃，学会洒脱，你的人生才会有属于自己的精彩。

北宋时期，金兵大举入侵中原，宋朝百姓纷纷离开家乡，以避战乱。一伙百姓仓皇逃到河边，他们丢下了身上所有的重物，包括贵重的物件，拥挤着上了仅有的一条渡船，船家正要开船，岸边又赶来了一人。

来人不停地挥手、叫喊，苦苦哀求船家把他也带上。船家回答道："我这条船已经载了很多人，马上就要超载了，你要是想上船过河，就必须把身上的大包袱统统扔掉，否则船会被压沉的。"

那人迟疑不决，包袱里可是他的全部家当。

船家有些不耐烦，催促道："快扔掉吧！这一船人谁都有舍不得的东西，可他们都扔掉了。如果不扔，船早就被压沉了。"

那人还在犹豫，船家又说："你想想看，包袱和人到底孰轻孰重？是这一船人的性命重要，还是你的包袱重要？你总不能让一船人都因为你的包袱惶恐不安吧！"

要知道，包袱虽然只属于你自己，但它却会令一船人为之担心不已，这其中包括你的父母、你的妻儿、你的朋友……

有些时候，纵使放不下也要放，多愁善感、愁肠百结不但会伤害你自己，同时还会伤害那些关心你的人。难道，你真的舍得让他们每日为你提心吊胆，看着你郁郁寡欢的样子痛心不已吗？

淡言淡语 >>>

人的一生，都在不间断地经历时过境迁。适时地遗忘一些经历，不但能给自己带来快乐，还能给家庭带来幸福。

活在现在

史威福说:"没有人活在现在,大家都活着为其他时间做准备。"所谓"活在现在",就是指活在今天,今天应该好好地生活。这其实并不是一件很难的事,我们都可以轻易做到。

燕南是某校一名普通的学生。她曾经沉浸在考入重点大学的喜悦中,但好景不长,大一开学才两个月,她已经对自己失去了信心,连续两次与同学闹别扭,功课也不能令她满意,她对自己失望透了。

她自认为是一个坚强的女孩,很少有被吓倒的时候,但她没想到大学开学才两个月,自己就对大学四年的生活失去了信心。她曾经安慰过自己,也无数次试着让自己抱以希望,但换来的却只是一次又一次的失望。

以前在中学时,几乎所有老师跟她的关系都很好,很喜欢她,她的学习状态也很好,学什么像什么,身边还有一群朋友,那时她感觉自己像个明星似的。但是进入大学后,一切都变了,人与人的隔阂是那样的明显,自己的学习成绩又如此糟糕。现在的她很无助,她常常这样想:我并没比别人少付出,并不比别人少努力,为什么别人能做到的,我却不能呢?她觉得明天已经没有希望了,她想难道12年的拼搏奋斗注定是一场空吗?那这样对自己来说太不公平了。

进入一个新的学校,新生往往会不自觉地与以前相对比,而当困难和挫折发生时,产生"回归心理"更是一种普遍的心理状态。燕南在新学校中缺少安全感,不管是与人相处方面,还是自尊、自信方面,这使她处于一种怀旧、留恋过去的心理状态中,如果不去正视目前的困境，就会更加难以适应新的生活环境、建立新的自信。

不能尽快适应新环境，就会导致过分的怀旧。一些人在人际交往中只能做到"不忘老朋友"，但难以做到"结识新朋友"，个人的交际圈也大大缩小。此类过分的怀旧行为将阻碍着你去适应新的环境，使你很难与时代同步。回忆是属于过去的岁月的，一个人应该不断进步。我们要试着走出过去的回忆，不管它是悲还是喜，不能让回忆干扰我们今天的生活。

一个人适当怀旧是正常的，也是必要的，但是因为怀旧而否定现在和将来，就会陷入病态。不要总是表现出对现状很不满意的样子，更不要因此过于沉溺在对过去的追忆中。当你不厌其烦地重复述说往事，述说着过去如何如何时，你可能忽略了今天正在经历的体验。把过多的时间放在追忆上，会或多或少地影响你的正常生活。

我们需要做的是尽情地享受现在。过去的再美好抑或再悲伤，那毕竟已经因为岁月的流逝而沉淀。如果你总是因为昨天而错过今天，那么在不远的将来，你又会回忆着今天的错过。在这样的恶性循环中，你永远是一个迟到的人。不如积极参与现实生活，如认真地读书、看报，了解并接受新生事物，积极参与改革的实践活动，要学会从历史的高度看问题，顺应时代潮流，不能老是站在原地思考问题。如果对新事物立刻接受有困难，可以在新旧事物之间寻找一个突破口，例如思考如何再立新功、再创辉煌，不忘老朋友、结识新朋友，继承传统、厉行改革等，寻找一个最佳的结合点，从这个点上做起。

隆萨乐尔曾经说过："不是时间流逝，而是我们流逝。"不是吗，在已逝的岁月里，我们毫无抗拒地让生命在时间里一点一滴地流逝，却做出了分秒必争的滑稽模样。

说穿了，回到从前也只能是一次心灵的谎言，是对现在的一种不负责的敷衍。史威福说："没有人活在现在，大家都活着为其他时间做准备。"所谓"活在现在"，就是指活在今天，今天应该好好地生活。这其实并不是一件很难的事，我们都可以轻易做到。

淡言淡语 >>>

有诗云："少年易学老难成，一寸光阴不可轻。未觉池塘春草梦，阶前梧叶已秋声。""世界上最宝贵的就是'今'，最容易丧失的也是'今'，因为它最容易丧失，所以更觉得它珍贵。"

过去已然过去，所以，不要一直把它放在心上。

多说几个"幸亏"

生活给予每个人的快乐大致上是没有差别的：人虽然有贫富之分，然而富人的快乐绝不比穷人多；人生有名望高低之分，然而那些名人却并不比一般人快乐到哪去。人生各有各的苦恼，各有各的快乐，只是看我们能够发现快乐，还是发现烦恼罢了。

白云禅师受到了神赞禅师《空门不肯出》的启发，而做过一首名为《蝇子透窗偈》的感悟偈。其偈是这样的——

为爱寻光纸上钻，不能透处几多难。
忽然撞着来时路，始觉平生被眼瞒。

从表面意义上看，白云禅师的这首诗偈可以这样理解：苍蝇喜欢朝光亮的地方飞。如果窗上糊了纸，虽然有光透过来，可苍蝇却左突右撞飞不出去，直至找到了当初飞进来的路，才得以飞了出去，也才明白原来是被自己的眼睛骗了。苍蝇放着洞开无碍的"来时路"不走，偏要钻糊上纸的窗户，实在是徒劳无益，白费工夫。

这首诗偈通俗易懂却又意喻深刻，诗中的"来时路"喻指每个人的生活都有值得去品味的地方，只可惜往往不加以注意罢了。而"被眼瞒"一句更是深有寓意，意指人们常常被眼前一些表面的现象所欺骗，无法发现生活的真滋味。此偈选取人们常见的景象，语意双关、暗藏机锋，启迪世人不要受肉眼蒙蔽，而要用心灵去体会那些生活中，通常被人们忽略而又美丽的瞬间。

一位哲学家不小心掉进了水里，被救上岸后，他说出的第一句话是：呼吸空气是一件多么幸福的事情。空气，我们看不到，日常生活中也很少意识到，但失去了它，你才发现，它对我们是多么重要。据说后来那位哲学家活了整整一百岁，临终前，他微笑着、平静地重复那句话："呼吸是一件幸福的事。"言外之意，活着是一件幸福的事。

生活中的快乐无处不在，就在于如何去体会，倘若用心体会便不难感受。生活的幸福是对生命的热情，为自己的快乐而存在，在那些看似无法逾越的苦难面前，依然能够仰望苍穹，快乐便会永远伴随左右。

某人是个十足的乐天派，同事、朋友几乎没见他发过愁。大家对此大感不解，若以家境、工作来论，他都算不上好，为什么却总是一脸的快乐呢？

一位同事按捺不住好奇，问道："如果你失去了所有朋友，你还会快乐吗？"

"当然，幸亏我失去的是朋友，而不是我自己。"

"那么，假如你妻子病了，你还会快乐吗？"

"当然，幸亏她只是生病，不是离我而去。"

"再假设她要离你而去呢？"

"我会告诉自己，幸亏只有一个老婆，而不是多个。"

同事大笑："如果你遇到强盗，还被打了一顿，你还笑得出来吗？"

"当然，幸亏只是打我一顿，而没有杀我。"

"如果理发师不小心刮掉了你的眉毛？……"

"我会很庆幸，幸亏我是在理发，而不是在做手术。"

同事不再发问，因为他已经找到该人快乐的根源——他一直在用"幸亏"驱赶烦恼。

乐观的人无论遭遇何种困难，总是会为自己找到快乐的理由，在他们看来，没什么事情值得自己悲伤凄戚，因为还有比这更糟的，至少"我"不是最倒霉的那一个。相反，悲观的人则显得极度脆弱，哪怕是芝麻绿豆大的小事，也会令他们长吁短叹，怨天尤人，所以他们很难品尝到快乐的滋味。

其实，任何事情，有其糟糕的一面，就必有其值得庆幸的一面，如果你能将目光放在"好"的一面上，那么，无论遇到何种困难，你都能够坦然以对。

只要你愿意，你就会在生活中发现和找到快乐——痛苦往往是不请自来，而快乐和幸福往往需要人们去发现、去寻找。

很显然，如果我们不能用心去体会就很难发现生活中的那部分快乐，同样，如果缺乏珍惜之心也很难意识到快乐的所在，有时甚至连正在经历的快乐都会失去。正如一位哲学家曾说过的：快乐就像一个被一群孩子追逐的足球，当他们追上它时，却又一脚将它踢到更远的地方，然后再拼命地奔跑、寻觅。

人们都追求快乐，但快乐不是靠一些表面的形式来获得或者判定的，快乐其实来源于每个人的心底。

生活中的情趣是靠心灵去体会的。去掉繁杂，我们的心会更简单，得到更多的快乐。生命短暂，找到自己的快乐才是本质，用心去体会生活，你做得到吗？

淡言淡语

> 痛苦和烦恼是噬咬心灵的魔鬼，如果你不用快乐将它们驱赶出去，必然会受其所害。当遭遇不幸之时，我们不妨多对自己说几个"幸亏"，情况一定会有所好转。

归零

生命就如同一次旅行，背负的东西越少，越能发挥自己的潜能。你可以列出清单，决定背包里该装些什么才能帮助你到达目的地。但是，记住，在每一次停泊时都要清理自己的口袋，什么该丢，什么该留，把更多的位置空出来，让自己轻松起来。

我们一定有过年前大扫除的经历吧。当你一箱又一箱地打包时，一定会很惊讶自己在过去短短一年内，竟然累积了这么多的东西。然后懊悔自己为何事前不花些时间整理，淘汰一些不再需要的东西，如果那么做了，今天就不会累得你连脊背都直不起来。

大扫除的懊悔经验，让很多人懂得一个道理：人一定要随时清扫、淘汰不必要的东西，日后才不会变成沉重的负担。

人生又何尝不是如此！在人生路上，每个人不都是在不断地累积东西？这些东西包括你的名誉、地位、财富、亲情、人际关系、健康等，当然也包括了烦恼、苦闷、挫折、沮丧、压力等。这些东西，有的早该丢弃而未丢弃，有的则是早该储存而未储存。

在人生道路上，我们几乎随时随地都得做自我"清扫"。念书、出国、就业、结婚、离婚、生子、换工作、退休……每一次挫折，都迫使我们不得不"丢掉旧我，接纳新我"，把自己重新"扫"一遍。

不过，有时候某些因素也会阻碍我们放手进行扫除。譬如：太忙、太累，或者担心扫完之后，必须面对一个未知的开始，而你又不能确定哪些是你想要的。万一现在丢掉了，将来又捡不回来怎么办？

的确，心灵清扫原本就是一种挣扎与奋斗的过程。不过，你可以告诉自己：每一次的扫，并不表示这就是最后一次。而且，没有人规定你必须一次全部扫干净。你可以每次扫一点，但你至少应该丢弃那些会拖累你的东西。

我们甚至可以为人生做一次归零，清除所有的东西，从零开始。有时候归零是那么难，因为每一个要被清除的数字都代表着某种意义；有时候归零又是那么容易，只要按一下键盘上的删除键就可以了。

年轻的时候，娜塔莎比较贪心，什么都追求最好的，拼了命想抓住每一个机会。有一段时间，她手上同时拥有13个广播节目，每天忙得昏天暗地，她形容自己："简直累得跟狗一样！"

事情都是双方面的，所谓有一利必有一弊，事业愈做愈大，压力也愈来愈大。到了后来，娜塔莎发觉拥有更多不是乐趣，反而是一种沉重的负担。她的内心始终有一种强烈的不安全感笼罩着。

1995年"灾难"发生了，她独资经营的传播公司被恶性倒账四五千万美元，交往了7年的男友和她分手……一连串的打击直袭而来，就在极度沮丧的时候，她甚至考虑结束自己的生命。

在面临崩溃之际，她向一位朋友求助："如果我把公司关掉，我不知道我还能做什么？"朋友沉吟片刻后回答："你什么都能做，别忘了，当初我们都是从'零'开始的！"

这句话让她恍然大悟，也让她重新有了勇气："是啊！我本来就是一无所有，既然如此，又有什么好怕的呢？"就这样念头一转，没有想到在短短半个月之内，她连续接到两笔大的业务，濒临倒闭的公司起死回生，又重新走上了正常轨道。

历经这些挫折后，娜塔莎体悟到人生"变化无常"的一面：费尽了力气去强求，虽然勉强得到，但最后还是留不住；反而是一旦"归零"了，随之而来的是更大的能量。

她学会了"舍"。为了简化生活，她谢绝应酬，搬离了150平方米的房子。索性以公司为家，挤在一个10平米不到的空间里，淘汰不必要的家当，只留下一张床、一张小茶几，还有两条作伴的狗儿。

其实，一个人需要的东西非常有限，许多附加的东西只是徒增无谓的负担而已。简单一点，人生反而更踏实。

淡言淡语 >>>

想要遗忘，并不是像想象中那么容易。遗忘是一种过程，它需要一定的时间来沉淀。只不过，如果连"想要遗忘"的意愿都没有，那么，你只能长期为忧郁、痛苦所折磨。

与其内疚于心，不如尽力补救

人很容易被负疚感左右，在人性文化中，内疚被当做一种有效的控制手段加以运用。我们应当吸取过去的经验教训，而绝不能总在阴影下活着，内疚是对错误的反省，是人性中积极的一面，但却属于情绪的消极一面。我们应该分清这二者之间的关系，反省之后迅速行动起来，把消极的一面变为积极，让积极的一面更积极。

哈蒙是一位商人，长年在外经营生意，少有闲时。当有时间与全家人共度周末时，他非常高兴。

他年迈的双亲住的地方，离他的家只有一个小时的路程。哈蒙也非常清楚自己的父母是多么希望见到他和他的家人。但是他总是寻找借口尽可能不到父母那里去，最后几乎发展到与父母断绝往来的地步。

不久，他的父亲死了，哈蒙好几个月都陷于内疚之中，回想起父亲曾为自己做过的许多事情。他埋怨自己在父亲有生之年未能尽孝心。在悲痛平定下来后，哈蒙意识到，再内疚也无法使父亲死而复生。认识到自己的过错之后，他改变了以往的做法，常常带着全家人去看望母亲，并同母亲保持经常的电话联系。

赫莉的母亲很早便守寡，她勤奋工作，以便让赫莉能穿上好衣服，在城里较好的地区住上令人满意的公寓，能参加夏令营，上名牌私立大学。她为女儿"牺牲"了一切。当赫莉大学毕业后，找到了一个报酬较高的工作。她打算独自搬到一个小型公寓去，公寓离母亲的住处不远，但人们纷纷劝她不要搬，因为母亲为她做出过那么大的牺牲，现在她撇下母亲不管是不对的。赫莉认为他们说得对，便同意与母亲住在一起。

后来她喜欢上了一个青年男子，但她母亲不赞成她与他交朋友，她和母亲大吵一番后离家出走了，几天后听人们说母亲因她的离家而终日哭泣，强烈的内疚感再一次作用于赫莉。她向母亲让步了。几年后，赫莉完全处于她母亲的控制之下。到最终，她又因负疚感造成的压抑毁了自己，并因生活中的每一个失败而责怪自己和自己的母亲。

在过错发生之后，要及时走出感伤的阴影，不要长期沉浸在内疚之中痛定思痛，让身心备受折磨，过去的已经过去，再内疚也于事无补，要拾起生活的勇气，昂扬奔向明天。

> **淡言淡语** >>>
>
> 没有一个人是没有过失的，只要有了过失之后勇于去改正，前途依然阳光，但若徒有感伤而不去做切实的补救工作，则是最要不得的！

走出人生的冬季

这个世界上，男男女女或多或少都会有一些孤独感。孤独是人生的一种痛苦，尤其是内心的孤寂更为可怕。一些孤独的人远离人群，将自己内心紧闭，过着一种自怜自艾的生活，甚至有些人因此而导致性格扭曲，精神异常。

有一个女人，两年前丈夫不幸去世，她悲痛欲绝，自那以后，她便陷入了一种孤独与痛苦之中。"我该做些什么呢？"在丈夫离开她近一个月后的一天，她向医生求助，"我将往何处去？我还有幸福的日子吗？"

医生说："你的焦虑是因为自己身处不幸的遭遇之中，30多岁便失去了自己生活的伴侣，自然令人悲痛异常。但时间一久，这些伤痛和忧虑便会慢慢减缓消失，你会开始新的生活——走出痛苦的阴影，建立起自己新的幸福。"

"不！"她绝望地说道，"我不相信自己还会有什么幸福的日子。我已不再年轻，身边还有一个7岁的孩子。我还有什么地方可去呢？"她显然是得了严重的自怜症，而且不知道如何治疗这种疾病，好几年过去了，她的心情一直都没有好转。

第二辑　昨日已成昨日，还需活在今朝

其实，她并不需要特别引起别人的同情或怜悯。她需要的是重新建立自己的新生活，结交新的朋友，培养新的兴趣。而沉溺在旧时的回忆里只能使自己不断地沉沦下去。

许多人总是让创伤久久地留在自己的心头，这样他的心里怎么也难以明亮起来。实际上，只要自己能放下过去的包袱，同样可以找到新的爱情和友谊。爱情、友谊或快乐的时光，都不是一纸契约所能规定的。让我们面对现实，无论发生什么情况，你都有权利继续快乐地活下去。但是，他们必须了解：幸福并不是靠别人施舍，而是要自己去赢取别人对你的需求和喜爱。

索菲的丈夫因脑瘤去世后，她变得郁郁寡欢，脾气暴躁，以后的几年，她的脸一直紧绷绷的。

一天，索菲在小镇拥挤的路上开车，忽然发现一幢房子周围竖起一道新的栅栏。那房子已有100多年的历史，颜色变白，有很大的门廊，过去一直隐藏在路后面。如今马路扩宽，街口竖起了红绿灯，小镇已颇有些城市的味道，只是这座漂亮房子前的大院已被蚕食得所剩无几了。

可泥地总是打扫得干干净净，上面绽开着鲜艳的花朵。一个系着围裙、身材瘦小的女人，经常会在那里侍弄鲜花，修剪草坪。

索菲每次经过那房子，总要看看迅速竖立起来的栅栏。一位年老的木匠还搭建了一个玫瑰花阁架和一个凉亭，并漆成雪白色，与房子很相称。

一天她在路边停下车，长久地凝视着栅栏。木匠高超的手艺令她惊叹不已。她实在不忍离去，索性熄了火，走上前去，抚摸栅栏。它们还散发着油漆味。里面的那个女人正试图开动一台割草机。

"喂！"索菲一边喊，一边挥着手。

"嘿，亲爱的。"里面那个女人站起身，在围裙上擦了擦手。

"我在看你的栅栏。真是太美了。"

那位陌生的女人微笑道:"来门廊上坐一会儿吧,我告诉你栅栏的故事。"

她们走上后门台阶,当栅栏门打开的那一刻,索菲欣喜万分,她终于来到这美丽房子的门廊,喝着冰茶,周围是不同寻常又赏心悦目的栅栏。"这栅栏其实不是为我设的。"那妇人直率地说道,"我独自一人生活,可有许多人来这里,他们喜欢看到真正漂亮的东西,有些人见到这栅栏后便向我挥手,几个像你这样的人甚至走进来,坐在门廊上跟我聊天。"

"可面前这条路加宽后,这儿发生了那么多变化,你难道不介意?"

"变化是生活中的一部分,也是铸造个性的因素,亲爱的。当你不喜欢的事情发生后,你面临两个选择:要么痛苦愤怒,要么振奋前进。"当索菲起身离开时,那位女人说:"任何时候都欢迎你来做客,请别把栅栏门关上,这样看上去很友善。"

索菲把门半掩住,然后启动车子。内心深处有种新的感受,但是没法用语言表达,只是感到,在她那颗孤独之心的四周,一道坚固的围墙轰然倒塌,取而代之的是整洁雪白的栅栏。她打算也把自家的栅栏门开着,对任何准备走近她的人表示出友善和欢迎。

没有人会为你设限,人生真正的劲敌,其实是你自己。别人不会对你封锁沟通的桥梁,可是,如果你自我封闭,又如何能得到别人的友爱和关怀。走出自己狭小的空间,敞开你的心门,用真心去面对身边的每一个人,收获友情的同时,你眼中的世界会更加美好。

所以说,一个孤独的人,若想克服孤寂,就必须远离自怜的阴影,勇敢走入充满光亮的人群里。我们要去认识人,去结交新的朋友。无论到什么地方,都要兴高采烈,把自己的欢乐尽量与别人分享。

淡言淡语 >>>

一个人如果不想深陷孤独，那么就要走出自己狭小的空间，学着主动敞开心扉，多与人交流、沟通，多找一些事情来做，让自己有所寄托，这样做会使孤独离你而去，心灵也就更加丰盈、更加悠然。

太阳每天都是新的

"After all , Tomorrow is another day"，相信每一个读过美国作家玛格丽特·米切尔的《飘》的人，都会记得主人公思嘉丽在小说中多次说过的这句话。在面临生活困境与各种难题的时候，她都会用这句话来安慰和开导自己，"无论如何，明天又是新的一天"，并从中获取巨大的力量。

和小说中思嘉丽颠沛流离的命运一样，我们一生中也会遇到各种各样的困难和挫折。面对这些一时难以解决的问题，逃避和消沉是解决不了问题的，唯有以阳光的心态去迎接，才有可能最终解决。阳光的人每天都拥有一个全新的太阳，积极向上，并能从生活中不断汲取前进的动力。

克瓦罗先生不幸离世了，克瓦罗太太觉得非常颓丧，而且生活瞬间陷入了困境。她写信给以前的老板布莱恩特先生，希望他能让自己回去做以前的老工作。她以前靠推销《世界百科全书》过活。两年前她丈夫生病的时候，她把汽车卖了。于是她勉强凑足钱，分期付款才买了一部旧车，又开始出去卖书。

她原想，再回去做事或许可以帮她解脱她的颓丧。可是要一个人驾车，一个人吃饭，几乎令她无法忍受。有些区域简直就做不出什么成绩来，虽然分期付款买车的数目不大，却很难付清。

第二年的春天，她在密苏里州的维沙里市，见那儿的学校都很穷，路很坏，很难找到客户。她一个人又孤独又沮丧，有一次甚至想要自杀。她觉得成功是不可能的，活着也没有什么希望。每天，早上她都很怕起床面对生活。她什么都怕，怕付不出分期付款的车钱，怕付不出房租，怕没有足够的东西吃，怕她的健康情形变坏而没有钱看医生。让她没有自杀的唯一理由是，她担心她的姐姐会因此而觉得很难过，而且她姐姐也没有足够的钱来支付自己的丧葬费用。

然而有一天，她读到一篇文章，使她从消沉中振作起来，使她有勇气继续活下去。她永远感激那篇文章里那一句令人振奋的话："对一个聪明人来说，太阳每天都是新的。"她用打字机把这句话打下来，贴在她的车子前面的挡风玻璃上，这样，在她开车的时候，每一分钟都能看见这句话。她发现每次只活一天并不困难，她学会忘记过去，每天早上都对自己说："今天又是一个新的生命。"她成功地克服了对孤寂的恐惧和她对需要的恐惧。她现在很快活，也还算成功，并对生命抱着热忱和挚爱。她现在知道，不论在生活上碰到什么事情，都不要害怕；她现在知道，不必怕未来；她现在知道，每次只要活一天——而"对一个聪明人来说，太阳每天都是新的"。

在日常生活中可能会碰到令人兴奋的事情，同样也会碰到令人消极的、悲观的事情，这本来应属正常。如果我们的思维总是围着那些不如意的事情转动的话，也就相当于往下看，那么终究会摔下去的。因此，我们应尽量做到脑中想的、眼睛看的、以及口中说的都是光明的、乐观的、积极的，相信每天的太阳都是新的，明天又是新的一天，发扬往上看的精神才能在我们的事业中获得成功。

淡言淡语 >>>

　　无论是快乐抑或是痛苦，过去的终归要过去，强行将自己困在回忆之中，只会让你倍感痛苦！无论明天会怎样，未来终会到来，若想明天活得更好，你就必须以积极的心态去迎接它！你要知道——太阳每天都是新的！

第三辑
冲突在所难免，权且容下几分

生活中，免不了要碰上一些不愉快的事，如果一味地争吵，往往不但不能辩出个是非黑白来，反而会平添烦恼，甚至会气大伤身影响健康。其实只要彼此都理性一些、容忍一些、退让一些，事情就不会变得那么让人烦恼了。

多记着别人的好处

　　谁没有与人发生过矛盾？谁没有受过丝毫委屈？智者的聪明之处在于，他们绝不会将仇恨深刻于心，让它无时无刻地折磨自己。他们知道，唯有"相逢一笑泯恩仇"的豁达与宽容，才是自己被众人所接纳、所尊敬的法宝。所谓"我有功于人不可念，而过则不可不念；人有恩于我不可忘，而怨则不可不忘"。感恩是华夏民族传承了几千年的传统美德，从"滴水之恩，涌泉相报"到"衔环结草，以谢恩泽"，以及我们常言的"乌鸦反哺，羔羊跪乳"，"感恩"在国人心中有着深厚的文化底蕴，滋养了一代又一代人。

　　感恩是一种境界，是一种生活态度，是一项处世哲学，更是一种人生智慧。学会感恩，这是做人的基本。感恩不是单纯的知恩图报，而是要求我们摒弃狭隘，追求健全的人格。做人，应常怀感恩之心，记住别人对我们的恩惠，洗去我们对别人的怨恨，唯有如此，我们才能在人生的旅程中自由翱翔。

　　在这方面，唐太宗李世民就为我们树立了一个榜样。

　　李世民临终前，预感自己时日无多，于是作了《帝范》十二篇赐给太子。他说："修身立德，治理国家的事情，已经全在里面了。我有何不测，这就是我的遗言。除此以外，就没有什么可说的了。"太子接过《帝范》，非常伤心，泪如雨下。李世民说："你更应当把古代的圣人们当做自己的老师，你若只学我，恐怕连我也赶不上了！"太子说道："陛下曾叫臣到各地视察，了解民间疾苦。臣所到之处，百姓都在歌颂陛下宽仁爱民。"李世民说道："我没有过度使用民力，百姓受益很多，因为给百姓的好处多、损害少，所以百姓还不抱怨；但比起尽善尽美来，还差得远呢！"他又告诫太子说："你没有我的功劳而要继承我的富贵，只有好好干，才能保住国家平安，若骄奢淫逸，恐怕连你自己都保不住。一个政权建立起来很难，而要败亡，那是很快的事；天子的位子，得到它很难而失掉它却很容易。你一定得爱惜，一定得谨慎啊！"

太子李治叩着头说："陛下的教诲儿臣当铭记在心，决不让陛下失望。"李世民说："你能这样想。我也就没有什么不放心的了。"

唐太宗教育太子，要宽仁待人，报民众拥戴之恩，同时要念自己的过错，并不断地调适自己，端正行为。这种博大的心胸，严于律己、宽以待人的精神，直到现在，不管是当政还是为学，都应当把它奉为圭臬。

一个有修养的人不同于常人之处，首先在于他的恩怨观是以恕人克己为前提的。一般人总是容易记仇而不善于怀恩，因此有"忘恩负义"、"恩将仇报"、"过河拆桥"等说法，古之君子却有"以德报怨"、"涌泉相报"、"一饭之恩终身不忘"的传统。为人不可斤斤计较，少想别人的不足、别人待我的不是；别人于我有恩应时刻记取于心。人人都这样想，人际就和谐了，世界就太平了。用现在的话讲，多看别人的长处，多记别人的好处，矛盾就化解了。

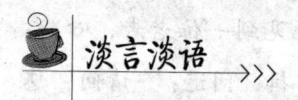

淡言淡语 >>>

在你完全放下嗔恨的一刹那，你眼中的世界就变得和平了；当每一个人都放下嗔恨的时候，整个世界就变得和平了。

冲动是魔鬼

在某小品中有一句颇为精辟的话——"冲动是魔鬼",一时间成为大家津津乐道的口头禅。的确,冲动是魔鬼,人在"冲动"的驾驭下,往往会做出一些匪夷所思的举动,甚至不惜去触犯法律、道德的底线,为自己的人生抹下一道重重的阴影。

其实,人活于世,俗事本多,我们真的没有必要再去为自己徒增烦恼。遇事若是能冷静下来,以静制动,三思而后行,绝对会为你免去很多不必要的麻烦。否则,你多半会追悔莫及。

古时有一愚人,家境贫寒,但运气不错。一次,阴雨连绵半月,将家中一堵石墙冲倒,而他竟在石墙下挖到了一坛金子,于是转眼成为富人。

然而,此人虽愚笨,却对自己的缺点一清二楚。他想让自己变得聪明一些,便去求教一位禅师。

禅师对他说:"现在你有钱,但缺少智慧,你为何不用自己的钱去买别人的智慧呢?"

此人闻言,点头称是,于是便来到城里。他见到一位老者,心想:老人一生历事无数,应该是有智慧的。遂上前作揖,问道:"请问,您能将您的智慧卖给我吗?"

老者答道:"我的智慧价值不菲,一句话要100两银子。"

愚人慨言:"只要能让自己变得聪明,多少钱我都在所不惜!"

只听老者说道:"遇到困难时、与人交恶时,不要冲动,先向前迈三步,再向后退三步,如此三次,你便可得到智慧。"

愚人半信半疑："智慧就这么简单？"

老者知道愚人怕自己是江湖骗子，便说："这样吧，你先回家。如果日后发现我在骗你，自然就不用来了；如果觉得我的话没错，再把100两银子送来。"

愚人依言回到家中。当时日已西下，室内昏暗。隐约中，他发现床上除了妻子还有一人！愚人怒从心起，顺手抄过一把菜刀，准备杀了他们。突然间，他想起白日向老者赊来的"智慧"，于是依言而行，先进三步，再退三步，如此三次。这时，那个人惊醒过来，问道："儿啊，大晚上的你在地上晃悠什么？"

原来那个人竟是自己的母亲！愚人心中暗暗捏了一把汗："若不是老人赊给我的智慧，险些将母亲错杀刀下！"

翌日一早，他便匆匆赶向城里，去给老者送银子了。

正所谓"事不三思终有悔，人能百忍自无忧"，冷静就是一种智慧！世间的很多悲剧，都是因一时冲动所致。倘若我们能将心放宽一些，遇事时、与人交恶时，压制住自己的浮躁，考虑一下事情的前前后后以及由此造成的后果，且咽下一口气，留一步与人走，人与人之间的关系就会变得和谐许多。

一位拳击手某日骑车上街，在路口等红灯时，后面冲上来一个骑车的小伙子撞到他的自行车上。小伙子不但不道歉，反而态度蛮横，要他给他修车。他很是恼火，但是他极力控制自己的情绪不发作。这小伙子不自量力，口出狂言："你是运动员吧？你就是拳击运动员我也不怕，咱们练练？"一听对方要打架，连忙后退说："别打别打，我不是运动员，我也不会打架。"因为他的示弱，一场冲突避免了。事后他说："我知道，我这一拳打出去，对普通人会造成多大的伤害。我必须时刻提醒自己要忍耐，示弱反而让我感到自己更强大。"

"他强任他强，清风拂山岗；他横任他横，明月照大江！"我们做人，理应如这位拳击手这般，在无谓的冲突面前，懂得忍让，有时示弱即是强！示弱才能无忧！

淡言淡语 >>>

每个人都有冲动的时候，它是一种不可避免的、难以控制的情绪，但我们仍要将其限制在可以掌控的范围内，因为每一次头脑发昏的冲动，都可能会令你遗憾终身。

谁说妥协就是懦弱

是的，在生活中，谁都不可能事事妥协。但是，智者必然是善用妥协之人。这里的妥协不是惧怕畏缩，而是退一步海阔天空时的云卷云舒；这里的妥协不是遭遇困难裹足不前，而是人生的风雨洗礼后留下的鹅卵石；是岁月在人生河床上的结晶，是一种生存的大智慧。

然而，很多人仍一意孤行地将妥协视为懦弱的表现，认为只有针锋相对、寸土必争才是"好汉子"、"真英雄"。很明显，这类人的人生修为尚浅，做人的深度不足。其实很多时候，"退一步"并不意味着放弃努力和宣布失败，一些积极意义上的妥协是为了伺机行事，出奇制胜，是退一步而进两步。

她拥有一家三星级宾馆，经朋友介绍，她认识了一位名气很大的导演，导演准备在她的宾馆开一个新闻发布会。

她爽快地同意了，可在租金上却不能与对方达成协议。她要价4万，导演只答应出2万，双方争执不下。朋友劝她："你怎么这么傻，你只看到了2万，2万背后的钱可不止这个数，他们都是名人，平时请都请不来。"

她还是不妥协，坚持要4万，还对朋友说："你看你介绍的人，这么吝啬。"朋友生气道："我没有你这个目光如豆的朋友。"说完，朋友抛开她，自己走了。

旁边一家四星级宾馆的总经理听到这个消息，及时找到导演，说他愿意把宾馆大厅租给导演，而且要价不超过1.5万元。

于是，导演便租了这家四星级宾馆。开新闻发布会那几天除了许多记者、演员外，还有不少慕名而来的影迷，十几层的大楼无一空室。而且因为明星的光临，这家四星级宾馆名声大噪。

她看到这一幕后，后悔得不得了，但一切都晚了，她只能暗恨自己目光短浅。

故事中的两个人谁更聪明，谁才是强者，应该不用再多说了吧？从这则故事中，我们不难看出一个事实：妥协有时就是通往成功的必要，就是在冷静中窥伺时机，然后准确出击；这种妥协应是以退让开始，以胜利告终，表相是以对方利益为重，真相是为自己的利益开道。

妥协无疑是一种睿智，是我们处世的一项必要手段，它对于我们的人生起着微妙的作用，甚至可以改变人的一生。我们生存的世界充满了诡异与狡诈，人间世情变化不定，人生之路曲折艰难，充满坎坷。在人生之路走不通的地方，要知道退让一步、让人先行的道理；在走得过去的地方，也一定要给予人家三分的便利，这样才能逢凶化吉，一帆风顺。

明朝年间，有一位姓尤的老翁开了个当铺，有好多年了，生意一直不错，某年年关将近，有一天尤翁忽然听见铺堂上人声嘈杂，走出来一看，原来是站柜台的伙计同一个邻居吵了起来。伙计连忙上前对尤翁说:"这人前些时典当了些东西,今天空手来取典当之物,不给就破口大骂,一点道理都不讲。"那人见了尤翁,仍然骂骂咧咧,不认情面。尤翁却笑脸相迎,好言好语地对他说:"我晓得你的意思,不过是为了度过年关。街坊邻居,区区小事,还用得着争吵吗?"于是叫伙计找出他典当的东西,共有四、五件。尤翁指着棉袄说:"这是过冬不可少的衣服。"又指着长袍说:"这件给你拜年用。其他东西现在不急用,不如暂放这里,棉袄、长袍先拿回去穿吧!"

那人拿了两件衣服,一声不响地走了。当天夜里,他竟突然死在另一人家里。为此,死者的亲属同那人打了一年多官司,害得那家人花了不少冤枉钱。

原来,这个邻人欠了人家很多债,无法偿还,走投无路,事先已经服毒,知道尤家殷实,想用死来敲诈一笔钱财。由于尤翁的忍让,结果只得了两件衣服。他只好到另一家去扯皮,那家人不肯相让,结果就死在那里了。

后来有人问尤翁说:"你怎么能有先见之明,容忍这种人呢?"尤翁回答说:"凡是横蛮无理来挑衅的人,他一定是有所恃而来的。如果在小事上不稍加退让,那么灾祸就可能接踵而至。"人们听了这一席话,无不佩服尤翁的见识。

中国有句格言:"忍一时风平浪静,退一步海阔天空。"不少人将它抄下来贴在墙上,奉为处世的座右铭。这句话与当今商品经济下的竞争观念似乎不大合拍,事实上,"争"与"让"并非总是不相容,反倒经常互补。在生意场上也好,在外交场合也好,在个人之间、集团之间,也不是一个劲"争"到底,退让、妥协、牺牲有时也很有必要。作为个人修养和处世之道,让则不仅是一种美好的德性,而且也是一种宝贵的智慧。

淡言淡语 >>>

受得小气，才不至于受大气；忍得了一时之气，方可免得百日之忧。太过较真，于人于己都没有什么好处，不如就当一回"懦夫"，与人方便，自己也方便。

慎言最好

嘴巴，可以是吐放剧毒的蝎子，令人生畏远避；也可以像柔软香洁的花苑，散发清香和喜悦，为人间邀来翩翩的彩蝶。留一张口，说赞美的言辞，赞美天地，赞美所有的人……赞美，像雨后的彩虹、黑夜的萤火，虽然是惊鸿一瞥，却是久久的激荡回味！《法句经·言语品》上说："誉恶恶所誉，是二俱为恶。好以口快斗，是后皆无安。"《吉祥经》也说："言谈悦人心，是为最吉祥。"

人的脸孔上，有两只眼睛，两个耳朵，两个鼻孔，却只有一张嘴巴，这奇妙的组合，蕴涵着很深的意义，就是告诫人们要多听、多看、少说。

《伊索寓言》中有句名言："世界上最好的东西是舌头，最坏的东西还是舌头。"中国还有句谚语：背后骂我的人怕我；当面夸我的人看不起我。因此，人要懂得"祸从口出"的道理，管住自己的舌头。

范雎在卫国见到秦王，尽管秦王求教再三，他都沉默不语；诸葛亮在荆州，刘琦也是多次请教，诸葛亮同样再三不肯说。最后到了偏僻的一座阁楼上，去了楼梯，范雎和诸葛亮才分别对秦王和刘琦指示今后方向，所以历史上的"去梯言"，就表示慎言的意思。

东晋时代的王献之，一日偕同两个哥哥王徽之、王操之，一起去拜访东晋当代名人谢安。徽之、操之二人放言高论，目空四海，只有献之三言两语，不肯多说。三人告辞以后，有人问谢安，王家三兄弟谁优谁劣？谢安淡淡说道：慎言最好！

现代的人喜欢信口雌黄，好谈论是非，大放厥词，说三道四，谬发议论。有时候，甚至危言耸听、标新立异、故弄玄虚、轻口薄言、冷语冰人；说话如剑，到处制造口业，所以让人感到世间上，唯哑巴是最慎言的人，也是最不制造口业的人。

人生，有人喜欢饶舌，但也有人习惯于慎言。饶舌的人常常会吃亏；慎言的人，比较不容易受到伤害。

一位顾客在超市买了一盒玻璃杯，回家后才发现其中一只有裂痕。于是她再次来到超市，要求更换，"你好，我刚刚在这儿买了一盒杯子，其中有一只有裂痕，您看？"

店主的态度不错，一脸微笑地说："好说好说，我们马上就给您换。小薇啊，你赶快给这位顾客换一盒玻璃杯。"转而对顾客说，"对不起，请您稍等一下。"

顾客换好杯子，临走时赞扬道："真谢谢你们，你们的服务态度真好，一定会生意兴隆。再见！"

可是，她刚刚走到门口，那位名叫小薇的售货员又说话了："喂，你等一下，我告诉你，今天是你的运气不错，碰上老板心情好，以后可没这样的好事喽。如果我们天天为顾客换这换那，那生意还怎么做！谁知道玻璃杯是不是你自己不小心弄裂的呢？买的时候你怎么不看清楚？"

这位顾客原本满心高兴，可听小薇这么一说，顿时火冒三丈，她指着小薇嚷道："你什么意思？你是说我不讲道理、贪小便宜吗？你把话说清楚！你以为我愿意大热天浪费时间再跑一趟吗？卖了劣质商品还反咬人一口，你们是怎么做生意的？"

……

显然，这次争吵的导火索，就是售货员小薇那一句"过格"的话。事实上，小薇也为自己的口不择言付出了相应的代价，她不但遭到了顾客的有力"回敬"，而且店主出于生意的考虑，为了尽快平息争端、防止事态扩大，只得将她"炒鱿鱼"了。这一句无谓的话，算是让小薇吃足了苦头。

与人交流，我们首先要用"真实、善意、重要"这三个筛子过滤一下自己要说的话，这时你就会发现，很多话其实根本不必说，也不用说。

语言是一把双刃剑，当我们口无遮拦地去对别人说三道四时，我们自己本身也会受到伤害，只是我们自己没有发现而已。学习掌管好自己的舌头吧，不要让它任意妄为。你会发现：如果你喜欢在言辞上与别人争斗，你永远也得不到安宁；当你管好自己的嘴，你也就能管好自己的生活了。

淡言淡语 >>>

与人交流，讲话一定要有分寸，不要口不择言地伤害别人。礼让并不意味着怯懦，而是把无谓的争议降到零。

过分计较，总归是自己吃亏

在小事上计较就等于在大事上糊涂，所以，计较来计较去，其结果往往是自己吃亏。

一个失意的青年走在崎岖不平的山路上，发现脚边有个袋子似的东西很碍脚，心情郁闷的他狠踢了那东西一下，没想到那东西不但没被踢破，反而膨胀起来，并成倍地扩大着。青年恼羞成怒，拿起一根碗口粗的木棍砸它，那东西竟然胀到把路堵住了。

正在这时，佛祖从山中走出来，对青年说："小伙子，别动它。它叫仇恨袋，你不犯它，它就小如当初；你侵犯它，它就膨胀起来，与你对抗到底。忘了它，离它远去吧！"

生活中总是有一些人心胸不够开阔，一点点小事就足以让他们心烦意乱。当别人无意中惹到他们时，他们总是抱着"以牙还牙，以眼还眼"的决心，摆出一副寸土必争的姿态去面对生活中一些鸡毛蒜皮的小事。他们做人的原则就是半点亏不吃，但实际上往往是这种人容易吃大亏。

公交车上总是会有那么多人，从来就没有空的时候，这日晏菲菲下班回家，在公司门前的那个站牌等公交车。千等万等，终于来了一辆。

哇噻！公交车里好多的人，黑压压的。晏菲菲努力地向上挤，终于挤上了车。但挤车时一不小心，踩了旁边的胖大嫂一脚。胖大嫂的大嗓门叫开了："踩什么踩，你瞎了眼了？"晏菲菲本还想道歉来着，但一听这话面子上挂不住了，回应说："就踩你了，怎么着？"

于是，两个女人的好戏开演了。双方互相谩骂，恶语相加。随着火力的升级，两人竟然动起了手，胖大嫂先给了晏菲菲一下，晏菲菲也立即以牙还牙，两手都上去了，在胖大嫂脸上乱抓一通。还是边上的好心人把两人拉了开来。

晏菲菲的指甲长，抓破了胖大嫂的脸，而她却没怎么受伤。想到这里，晏菲菲不禁得意起来。

终于回到了家，一进家门晏菲菲便向老公倒起了苦水。不过她倒认为自己没吃亏，反倒把那恶妇抓破了脸，所以，讲到这里一脸的灿烂，这时老公看了她一下，惊奇地问道，你右耳朵上的那个金耳坠呢？晏菲菲一摸耳朵，耳坠早已不见了……

我们经常以为"以牙还牙"就是让自己不吃亏，事实上，这是一种小肚鸡肠的表现。总以为别人占自己一分便宜，自己就要想尽办法占三分回来，否则自己就是吃了大亏，但是事实真的就像我们想象的那么单纯吗？

战国时，梁国与楚国相邻。两国凤有敌意，在边境上各设界亭（哨所）。两边的亭卒在各自的地界里都种了西瓜。梁国的亭卒勤劳，锄草浇水，瓜秧长势很好；楚国的亭卒懒惰，不锄不浇，瓜秧又瘦又弱。

人比人，气死人。楚亭的人觉得失了面子，在一天晚上，乘月黑风高，偷跑过去把梁亭的瓜秧全都扯断。梁亭的人第二天发现后，非常气愤，报告给县令宋就，说要以牙还牙，也过去把他们的瓜秧扯断！

宋就说："他们这种行为当然不对。别人不对，我们再跟着学就更不对，那样未免太狭隘、太小气了。你们照我的吩咐去做，从今天开始，每晚去给他们的瓜秧浇水，让他们的瓜秧也长得好。而且，这样做一定不要让他们知道。"

梁亭的人听后觉得有理，就照办了。

楚亭的人发现自己的瓜秧长势一天比一天好起来，仔细观察，发现每天早上瓜地都被人浇过，而且是梁亭的人在夜里悄悄为他们浇的。

楚国的县令听到亭卒的报告后，感到十分惭愧又十分敬佩，于是上报楚王。楚王深感梁国人修睦边邻的诚心，特备重礼送梁王以示歉意。结果这一对敌国成了友好邻邦。

"以眼还眼，以牙还牙"，看起来矛盾的双方是势均力敌，谁都不

第三辑 冲突在所难免，权且容下几分

71

吃亏，但当你真的依这种原则去办事时，你会发现你可能解了一时之气，但不能得到大多数人的认可和好评。因为，你的行为事实上在告诉别人你是一个肚量狭小的人，那么还有谁敢靠近你？反之，以德报怨，不仅可以使那些对你不敬的人心生惭愧，同时还可以告诉别人你的胸怀和气度是他们无法企及的，那么在你的周围会不知不觉吸引许多有德之人。这才是吃小亏，赚大便宜的上上之策。不要做那种斤斤计较的傻事。对你没有任何好处。

淡言淡语 >>>

不断加快的生活节奏，难免让人心烦意乱；不断发生的生活摩擦，难免让人火气上升。不过，我们绝不能让浮躁牵着鼻子走，事事与人针锋相对，非要争出个你长我短，到头来，吃亏的往往是你自己。

忽略别人的无礼

有了分歧、有了冲突怎么办？很多人就喜欢争吵，非论个是非曲直不可。其实这种做法很不明智，吵架又伤和气又伤感情，不值。不如大事化小，小事化了，俗话说"家和万事兴"，推而广之，人和自然也是万事兴。

在安徽省桐城市的西南一隅，有一条全长约180米、宽2米的巷道，当地人称之为"六尺巷"。

据史料记载：清朝名臣张英便住在这里，张英历任礼部侍郎、兵部侍郎、工部尚书、翰林院掌院学士、文华殿大学士、礼部尚书等职，名声显赫，桐城人习惯将他称为"老宰相"，其子张廷玉称为"小宰相"，父子二人合称为"父子双宰相"。

当年张英家和一户姓吴的人家比邻而居，房屋之间有块空地被吴家给占用了，张家的人就送信给张英，让他出面干预。张英看罢来信，就写了首诗给家人，诗上说："一纸书来只为墙，让他三尺又何妨。长城万里今犹在，不见当年秦始皇。"家人见书明理，遂撤让三尺，吴家见此情景深感惭愧，亦退让三尺，这样张吴两家之间就形成了六尺宽的巷道，后人称为"六尺巷"。

张英轻启朱毫，四两拨千斤，简简单单的几句诗，就化解了原本剑拔弩张的邻里矛盾，为时人亦为后人做出了谦逊礼让、与人为善的绝好榜样。

事实上，张英的做法不仅是与人为善，而且他身居官场，处处都是陷阱，步步都得小心，正如古人所说，如临深渊，如履薄冰。稍不留神，就可能遭遇灭顶之灾，顷刻之间，身毁人亡。所以张英从大局着想，还是忍让为好，免得事情闹大了，虽然当时不至于影响他的前途，但从长远来看，未尝不是个祸患。让他三尺，不仅化解了无形的隐患，又解决了邻里的纷争，实在是一举两得。

我们知道，人是一种社会性的高等动物。人是社会的人，社会性是人的根本属性。人要在世间立身，就应该学会处世。吕坤认为，善处世"只于人情上做工夫"。

世间的人之常情是怎样的呢？吕坤认为：闻人之过则津津乐道，闻己之过则百般掩饰；见名利尽揽身上，见过失尽推他人；从薄处去推究他人情感，从恶边去揣度他人之心，这是天下人的通病。那么，怎样才能消除这些病痛呢？吕坤认为，首先要律己。自身要做到心诚，"诚则无心"，要有识见，身处污泥不被其玷污，不要把"你我"二字看得过于透彻，要有毫不利己，专门利人的精神，更重要的一点是要善于体察自己的过失。相对地说，客观公正地对待他人的过失比较容易些，而坦诚公正地认识自己就非常困难了。这是由于私欲等主观因素和非主观因素所造成。所以必须做到每日"三省吾身"，这是非常必要的。因为认识自我是安身处世的重要前提。

其次，要善于宽厚待人。由于人的能力有大有小，天下的事情应听凭各自的方便，决不能强求做到整齐划一、一刀切，只要能把事情办成就行。否则的话，既使人情备受痛苦，又是于事无补的。

人非圣贤，孰能无过？在正确对待他人的过失和错误上，吕坤提出了一系列的积极主张。如不以己所长而责备别人，责备人应留有余地，要谅人之愚，体人之情等，一字概括，即为"恕"字。这里，吕坤指出劝善应以教育为主，既要指明对方的错误，使对方改过自新，又要考虑对方的承受能力。要分析对方的心理特点，千万不可以权压人、以理压人、以法压人，把对方逼上绝路。那只能使对方负隅顽抗，更加肆无忌惮。吕坤认为，人一旦到了无所顾忌的地步，就无所谓尊严、刑罚和事理了。因此，对于犯有过失的人，特别是偶一失足的青少年，要动之以情，晓之以理。心诚则灵，这样感化别人，能收到事半功倍的效果。吕坤真不愧是一位伟大的教育思想家。当然，现代社会是法制社会，应该以道德教化与法治并重，过分地强调一点，而忽视另一点的做法都是片面的。

故意挑剔毛病，硬找差错，没有问题也生出了问题。有时伪装成对工作事业认真负责的样子，有时又换上一副蛮横不讲理的样子，或自以为聪明透顶，或傲慢无礼。不管属于其中的哪一种表现，心里都揣着一个恶的念头，不愿与人为善。因为一切事物都不可能尽善尽美，所以他总是能为自己的行为"理由"一番。当一个人如此这般的时候，大抵他们并非冲着真理、正确、原则而来的，恰恰相反，他们只是以此作为口实和把柄，来达到他们自己不可告人的目的，对人不对己。如果有谁也像他们那样反过来，用他们的矛，刺他们的盾，恐怕他们也会束手无策了。

《吕氏春秋·举难》中说：世界上找一个完人是很困难的，尧、舜、禹、汤、武，春秋五伯亦有弱点和缺点，比尧舜禹还要圣明的神农、黄帝犹有可指责的。所谓"材犹有短，故以绳墨取木"，就是作为栋梁之才的人，也有短处，不然为什么要用绳墨来把栋梁之材加工得又方又直呢？"由此观之，物岂可全哉！"所以天子不处全、不处极、不处盈。全则必极，极则必盈，盈则必亏。"先王知物不可全也，故择务而取一也。"

孟子说：君子之所以异于常人，便是在于其能时时自我反省。即使受到他人不合理的对待，也必定先反省自己本身，自问，我是否做到仁的境界？是否欠缺礼？否则别人为何如此对待我呢？等到自我反省的结果合乎仁也合乎礼了，而对方强横的态度却仍然不改。那么，君子又必须反问自己：我一定还有不够真诚的地方。再反省的结果是自己没有不够真诚的地方，而对方强横的态度依然故我，君子这时才感慨地说："他不过是个荒诞的人罢了。这种人和禽兽又有何差别呢？对于禽兽根本不需要斤斤计较。"

事实上，按照一般常情，任何人都不会把过去的记忆像流水一般抛掉。就某些方面而言，人们有时会有执念很深的事件，甚至会终生不忘。当然，这仍然属于正常之举。谁都知道，怨恨会随时随地有所回报。因此，为了避免招致别人的怨恨，或者少得罪人，一个人行事需小心在意。《老子》中据此提出了"报怨以德"的思想。孔子也曾提出类似的话来教育弟子："以直报怨，以德报德。"其含义均是叫人处世时心胸要豁达，以君子般的坦然姿态应付一切。

有一次，有一个人去拜访老子。到了老子家中，看到室内凌乱不堪，心中感到吃惊。于是，他大声谩骂一通扬长而去。翌日，又回来向老子致歉。老子淡然说道："你好像很在意智者的概念，其实对我来讲，这是毫无意义。所以，如果昨天你说我是马的话我也会承认的。因为别人既然这么认为，一定有他的根据，假如我顶撞回去，他一定会骂得更厉害。这就是我从来不去反驳别人的缘故。"

从这则故事中可以得到如下启示：在现实生活中，当双方发生矛盾或冲突时，对于别人的批评，除了虚心接受之外，最好还能养成毫不在意的功夫。

淡言淡语 >>>

人与人之间发生矛盾的时候太多了，因此，一定要心胸豁达，有涵养，不要为了不值得的小事去得罪别人。而且，生活中常有一些人喜欢论人短长，在背后说三道四。如果听到有人这样谈论自己，完全不必理睬这种人。只要自己能自由自在按自己的方式去生活，又何必在意别人说些什么呢？只有这样，你才能得到一世的清宁。

与亲与友，多一分和气

若是狂风暴雨来袭，飞禽走兽便会感到哀伤忧虑、惶惶不安；若是晴空万里的日子，则草木茂盛、欣欣向荣。由此可见，天地之间不可以一天没有祥和之气，而人的心中则不可以一天没有喜悦的神思。

亲友之间的相处，有时也不能尽如人意，不能因为各自的思维方式不同，性格上的差异，甚至微不足道的小过节，就破坏原有的和谐气氛，乃至互相诋毁，互相仇视，互相看不起。古人说得好："二虎相争，必有一伤。"这样做下去，其实谁都不好看。抬头不见低头见，我们还是得容人处且容人吧！

宋朝的王安石和司马光十分有缘，两人在公元1019年与1021年相继出生，年轻时，都曾在同一机构担任完全一样的职务。两人互相倾慕，司马光仰慕王安石绝世的文才，王安石尊重司马光谦虚的人品，在同僚们中间，他们俩的友谊简直成了某种典范。

做官好像就是与人的本性相违背，王安石和司马光的官愈做愈大，心胸却慢慢地变得狭隘起来。相互唱和、互相赞美的两位老朋友竟反目成仇。倒不是因为解不开的深仇大恨，人们简直不敢相信，他们是因为互不相让而结怨。两位智者名人，成了两只好斗的公鸡，雄赳赳地傲视对方。有一回，洛阳国色天香的牡丹花开，包拯邀集全体僚属饮酒赏花。席间包拯敬酒，官员们个个善饮，自然毫不推让，只有王安石和司马光酒量极差，待酒杯举到司马光面前时，司马光眉头一皱，仰着脖子把酒喝了，轮到王安石，王执意不喝，全场哗然，酒兴顿扫。司马光大有上当受骗，被人小看的感觉，于是喋喋不休地骂起王安石来。一个满脑子知识智慧的人，一旦动怒，开了骂戒，比一个泼妇更可怕。王安石以牙还牙，祖宗八代地痛骂司马光。自此两人结怨更深，王安石得了个"拗相公"的称号，而司马光也没给人留下好印象，他忠厚宽容的形象大打折扣，以至于苏轼都骂他，给他取了个绰号叫"司马牛"。

到了晚年，王安石和司马光对他们早年的行为都有所悔悟，大概是人到老年，与世无争，心境平和，世事洞明，可以消除一切拗性与牛脾气。王安石曾对侄子说，以前交的许多朋友，都得罪了，其实司马光这个人是个忠厚长者。司马光也称赞王安石，夸他文章好，品德高，功劳大于过错，仿佛是又有一种约定似的，两人在同一年的五个月之内相继归天，天国是美丽的，"拗相公"和"司马牛"尽可以在那里和和气气地做朋友，吟诗唱和了，什么政治斗争、利益冲突、性格相违，已经变得毫无意义了。

亲友之间相处，需要用"和气"来化解彼此之间的矛盾。人和人都是不同的，对于性格、见解、习惯等方面的相异，要以和为重，若"疾风暴雨、迅雷闪电"会影响亲友之间的关系，甚至导致亲情、友情的破裂，反目成仇；而若和气面对彼此的不同，进而欣赏对方的优点，则对方也会对你加以赞美。这样一来，你们的"祥"和"瑞"也就更多了。

淡言淡语 >>>

亲友之间闹矛盾，很难说清谁是谁非，一旦处理不好，就有可能会把亲友间的关系弄僵。莫如放下心中的芥蒂，放下那说不清的是是非非，事后主动道一声歉或是给予对方一个微笑，便能使亲友关系由阴转晴，和谐相处。

不嗔、不狂、不嚣张

许多人都会在自觉与不自觉之间信奉着一个字——"忍"，虽然信奉"忍"字的人很多，然而真正了解它内涵的人却少之又少。许多人将一幅幅"忍"字字画悬挂于客厅、卧室、钥匙扣……之上，然而他们就像"叶公好龙"一般，喜欢的不是真"忍"，而是书画上的假"忍"。

"忍"的真正内涵是什么？《坛经》说："自性建立万法是功，心体离念是德；不离自性是功，应用无染是德。"在很多时候，"忍"体现在"不嗔不狂、不嚣张"上，也就是制怒与戒嚣张两方面。

忍辱是制怒的一部分，在面对一些无理取闹之人的讽刺与侮辱时，能够释放于心外才能制怒。唐代著名的寒山禅师所做的一首《忍辱护真心》，显示出了他对忍辱的参悟与制怒的本领——

嗔是心中火，能烧功德林。
欲行菩萨道，忍辱护真心。

有记载说，寒山禅师曾问拾得禅师："世间谤我，欺我，辱我，笑我，轻我，贱我，厌我，骗我，如何处置乎？"拾得禅师答道："只是忍他，让他，由他，避他，耐他，敬他，不要理他，再待几年，你且看他。"寒山禅师点头称是，遂有此偈。

要知道，如果我们欲成就一番事业，就应该时刻注意学会制怒，不能让浮躁愤怒左右我们的情绪。著名的成功学大师拿破仑·希尔曾经这样说："我发现，凡是一个情绪比较浮躁的人，都不能做出正确的决定。在成功人士之中，基本上都比较理智。所以，我认为一个人要获得成功，首先就要控制自己浮躁的情绪。"

在生活中我们经常看见很多人为了一点很小的事情而怒容满面，甚至与其他人大打出手，这是欲成大事者的大忌。我们每个人都避免不了动怒，愤怒情绪是人生的一大误区，是一种心理病毒。克制愤怒是人生的必修课，那些怒火横冲直撞而不加抑制的人是难成大器的。我们分析一下，明朝几经沉浮的官员李三才的失败根源就不难发现这点。

明神宗时曾官至户部尚书的李三才可以说是一位好官，为什么这么说呢？当时他曾经极力主张罢除天下矿税，减轻民众负担；而且他嫉恶如仇，不愿与那些贪官同流合污，甚至不愿与那些人为伍。但是他在"忍"上的造诣却太差。

有次上朝，他居然对明神宗说："皇上爱财，也该让老百姓得到温饱。皇上为了私利而盘剥百姓，有害国家之本，这样做是不行的。"李三才毫不掩饰自己的愤怒、说话也不客气的行为激怒了明神宗，他也因此被罢了官。

后来李三才东山再起，有许多朋友都担心他的处境，于是劝他说："你嫉恶如仇，恨不得把奸人铲除，也不能把喜怒挂在脸上，让人一看便知啊。和小人对抗不能只凭愤怒，你应该巧妙行事。"李三才则不以为然，反而认为那样做是可耻的，他说："我就是这样，和小人没有必要和和气气的。小人都是欺软怕硬的家伙，要让他们知道我的厉害。"没过多久，李三才又被罢了官。

回到老家后，李三才的麻烦还是不断。朝中奸臣担心他再被重新起用，于是继续攻击他，想把他彻底搞臭。御史刘光复诬陷他盗窃皇木，营建私宅，还一口咬定李三才勾结朝官，任用私人，应该严加治罪。李三才愤怒异常，不停地写奏书为自己辩护，揭露奸臣们的阴谋。

他对皇上也有了怨气，居然毫不掩饰愤怒情绪，对皇上说："我这个人是忠是奸，皇上应该知道的。皇上不能只听谗言。如果是这样，皇上就对我有失公平了，而得意的是奸贼。"最后，明神宗再也受不了他了，便下旨夺去了先前给他的一切封赏，并严词责问他，于是李三才彻底失败了。

古人常说"喜怒不形于色"，而李三才却不明白这点，不分场合、不分对象随意发怒，自然只能落得失败的后果了。

"事临头，三思为妙，一忍最高"。你应当提高自己控制浮躁情绪的能力，时时提醒自己，有意识地控制自己情绪的波动。千万不要动不动就指责别人，喜怒无常，改掉这些坏毛病，努力使自己成为一个容易接受别人和被人接受，性情随和的人。只有这样的人才能成大事。

淡言淡语

人生在世，应该多交朋友少树敌。常言道："冤家宜解不宜结。"多个朋友就多一条路，少了一个仇人便少了一堵墙。得罪一个人，就为自己堵住了条去路，而得罪了一个小人，可能就为自己埋下了颗不定时的炸弹。尤其是在权力场中，最忌四面树敌，无端惹是生非。纵是仇家，为避祸计，也该主动认错示好，免其陷害。要知时势有变化，宦海多沉浮，少一个对头，便多一分平安。

善待别人的过错

所谓"宽以待人"就是善意地对待别人的不足和缺点。因为无论再怎么看起来完美的人身上，都至少有一两个缺点，有的缺点甚至在别人看来难以接受。明朝有位学者说过这样的话："人有不及者，不可以己能病之。"也就是说，看到别人的缺点、不如自己的地方，不能因为自己这一点比别人强，就自视过人甚至看不起对方。

每个人都会犯错，包括自己，可是我们往往能很快原谅自己，却无法原谅别人。这种原谅自己却不原谅别人的行为是软弱的表现，因为你只敢面对自己的过错，却无法面对别人的过失。每个人都有犯错的时候，有的错误还是无意间造成的，是无心的。如果换个角度想想，你是那个犯错的人，是不是希望你"得罪"的那个人能原谅你？如果对方原谅你，你的心情又是怎样的？对人要有宽容之心，有的时候对方的做法可能不是有心的，是无意的冲动行为。知道他不是有心的，就不要把这件事再放在心里，而应该忘了它。

一次战争中，某部队与敌军在森林中相遇，一番激战过后，两名士兵与所在部队失去了联系，而且他们还是来自同一城市的老乡。

二人在大森林中迷失了方向，他们艰难地走着，不断地互相鼓励、互相安慰。七八天过去了，他们仍未走出森林，找到部队。这一天，二人猎获了一只狍子，靠着这份保障，他们又苦熬过了数日。或许是战争的烟火惊扰森林中的动物们，使它们逃向了别处，此后二人再没猎获过任何大型的动物，只能以一些松鼠、鸟雀充饥。

破船更遇打头风，这一天，二人再次与敌人相遇，一阵交火过后，他们巧妙地避开了敌人追击，但是——子弹已然所剩无几，每人身上也只剩下了一些松鸭肉。就在他们自以为已经安全时，突然"砰"地一声，走在前面的士兵中弹倒地。幸亏"敌人"的枪法不准，这一枪打在了肩头上！后面的士兵慌忙跑上前去，他的身子在发抖，他语无伦次，抱着战友痛哭不已。随后，他颤抖着为战友取出子弹，并将自己的军装撕碎，帮他包好伤口。

当晚，未受伤的士兵在梦中一直喊着自己母亲的名字。这时，二人都以为自己将命丧于此，他们甚至不相信自己能熬过这一夜，但尽管这样，他们谁也没有去吃自己身上的松鸭肉。第二天，部队找到了他们……

40年后，已入古稀之年的老士兵坦言："我知道当时是谁向我开的那一枪，他就是与我共患难的战友！——当他抱住我时，我感到了他枪管的灼热。我无论如何也想不明白，他为什么要打出这一枪。但事实上，当晚我就原谅了他，因为我听到他在大叫自己母亲的名字。我恍然大悟，他是想要我身上的松鸭肉，他是想为自己的母亲活下来，这难道不值得原谅吗？此后30年，我一直装作一无所知。可惜的是，他母亲还是没有等到他回来便离世了。那天，我们一起去祭拜老人家，他在墓前跪了下来，要我宽恕他，我打断了他的话，没有让他继续说下去，这样我们又做了10年的朋友。"

即使一个非常宽容的人，也往往很难容忍别人对自己的恶意诽谤和致命的伤害。但唯有以德报怨，把伤害留给自己，才能赢得一个充满温馨的世界。

面对那些无意的伤害，宽容对方会让对方觉得你心胸的博大，可以消除无心人对你造成伤害后的紧张，可以很快愈合你们之间不愉快的创伤。而面对那些故意的伤害，你博大的心胸会让对方无地自容，因为宽容对方体现出的是一种境界。宽容是对怀有恶意者最有效的回击，不管别人有意还是无意伤害了你，其实他的内心也会感到不安和内疚，或许是因为碍于所谓的"面子"而不肯认错，而你的宽容就会使彼此获得更多的理解、认同和信任。自己也有犯错的时候，并会因为犯错觉得担心，不知所措，希望对方能原谅自己，同时也会对自己的过失忐忑，不希望被别人看不起。所以就要站在对方的角度考虑，当自己遇到不原谅别人错误的人会怎么想。

事事计较是不会有什么结果的，已经发生了的事情不会有任何改变，也不能扭转任何已经发生了的事情。以宽容之心待人，以理解作为基础，站在客观的角度给人评价，可以从别人身上学到自己所没有的长处和优点，也能使自己对对方的不足给予善意的充分理解。在日常生活中，时不时都会有如何要求别人的时候，还有如何对待自己的问题。能否把握好一个律己和待人的态度，不仅能充分反映出一个人的修养，还能培养人与人之间的良好关系。

在一次为战功彪炳的将军举办的鸡尾酒会上，一位年轻的士兵被选出来，专门为将军服务。音乐响起，这位士兵开始斟酒，但因敬畏和过度的紧张，反而不小心把酒洒到了将军那光秃秃的头上。

一时，整个酒会上的气氛立刻僵住了，士兵更是不知所措，其他的军官忍不住发怒嘀咕："这个糟糕的家伙，明天肯定会被关禁闭。"

只见将军拿起餐巾，擦着秃头，笑着对大家说："各位！这位老弟实在用心，只是这种疗法，就可使我长出头发来吗？"

话一说完，全场爆笑，只有那个脸色发白的士兵，含着热泪，满怀感激，傻傻地注视着将军。

唯宽可以容人，唯厚可以载物；有容乃大，不容无物。几句风趣话，多少宽容心。这位将军的伟大，显然不是霸功，而是大度。

当犯错的人是你自己的时候，都渴望得到别人的谅解，得到别人的支持。同样地，当你面对的是一个犯错的人时，对方也抱着这样的心情。所以，打开你心里的那扇窗户吧！你会发现，当你对别人表示宽容的同时，也会得到同样的回报，而你的朋友会越来越多。

淡言淡语 >>>

从某种意义上说，一个人能容下多少，他就能成就多大的事业。如果连一个人也不能容忍，那他也只能对影自怜、自娱自乐了，说好听点叫孤芳自赏，即使天纵奇才如爱因斯坦等也是如此，如果一个人能够容纳天下的人，那就可以做大事了。

量大则福大

宽容是一种气度，因为有了宽容才使许多人有了浪子回头的决心，因为宽容才使那颗犯错的心有了安全的回旋余地。当你选择宽容时，你就给了这个世界无比的荣耀。而你将得到这世界最美的祝福。禅者说："量大则福大。"就是在说因为你有一颗宽容的心，所以，能获得最大的福缘。

一天晚上，一位老禅师在寺院里散步，忽然发现墙角边有一张椅子，一看就知道有人违犯寺规翻墙溜出去了。

这位老禅师不动声色地走到墙角边，把椅子移开，就地蹲着。没过多久，果然有一位小和尚翻墙进来，他不知道下面是老禅师，于是在黑暗中踩着老禅师的脊背跳进了院子。

当他双脚落地的时候，突然发现原来自己踩的不是椅子，而是老禅师。小和尚顿时惊慌失措，木鸡般地呆立在那里，心想："这下糟糕了，肯定要被杖责了。"但是，出乎小和尚意料的是，老禅师并没有厉声责备他，只是平静而关切地对他说："夜深天凉，快回去多穿点衣服吧。"

老禅师宽恕了小和尚的过错。因为他知道，此时此刻，小和尚已经知错了，那就没有必要再饶舌训斥了。之后，老禅师也没有再提及这件事，可是寺院里的所有弟子都知道了这件事，从此以后，再也没有人夜里翻墙出去闲逛了。

这就是老禅师的度量，他给犯过错的弟子提供反省的空间，使其悔悟，自戒自律，所以宽容也是一种无声的教育。

宽容地对待别人的过错，这是何等的胸怀。学会宽容，是一种美德、一种气度，因为你能容得他人不能容，所以你也必将拥有了别人不能拥有的。

古人云：金无足赤，人无完人。宽容是一剂良药，医治人心灵深处不可名状的跳动，滋生永恒的人性之美。我们不仅要宽容朋友、家人，还要宽容我们的敌人、对手。在非原则性的问题上，以大局为重，你会体会到退一步海阔天空的喜悦，化干戈为玉帛的喜悦，人与人之间相互理解的喜悦。要知道你并非踽踽单行，在这个世界上，虽然人们各自走着自己的生命之路，但是纷纷攘攘中难免有碰撞。如果冤冤相报，非但抚平不了心中的创伤，而且只能将伤害捆绑在无休止的争斗上。

一位妇人同邻居发生纠纷，邻居为了报复她，趁夜偷偷地放了一个骨灰盒在她家的门前。第二天清晨，当妇人打开房门的时候，她深深地震惊了。她并不是感到气愤，而是感到仇恨的可怕。是啊，多么可怕的仇恨，它竟然衍生出如此恶毒的诅咒！竟然想置人于死地而后快！妇人在深思之后，决定用宽恕去化解仇恨。

于是，她拿着家里种的一盆漂亮的花，也是趁夜放在了邻居家的门口。又一个清晨到来了，邻居刚打开房门，一缕清香扑面而来，妇人正站在自家门前向她善意地微笑着，邻居也笑了。

一场纠纷就这样烟消云散了，她们和好如初。

宽容敌手，除了不让他人的过错来折磨自己外，还处处显示着你的纯朴、你的坚实、你的大度、你的风采。那么，在这块土地上，你将永远是胜利者。只有宽容才能愈合不愉快的创伤，只有宽容才能消除一些人为的紧张。学会宽容，意味着你不会再心存芥蒂，从而拥有一分自在、一分潇洒。在生活中我们难免与人发生摩擦和矛盾，其实这些并不可怕，可怕的是我们常常不愿去化解它，而是让摩擦和矛盾越积越深，甚至不惜彼此伤害，使事情发展到不可收拾的地步。用宽容的心去体谅他人，真诚地把微笑写在脸上，其实也是善待我们自己。当我们以平实真挚、清灵空洁的心去宽待对方时，对方当然不会没有感觉，这样心与心之间才能架起沟通的桥梁，这样我们也会获得宽待、获得快乐。

淡言淡语 >>>

一个人能否以宽容的心对待周围的一切，是一种素质和修养的体现。大多数人都希望得到别人的宽容和谅解，可是自己却做不到这一点，因而总是把别人的缺点和错误放大成烦恼和怨恨。宽容是一种美德，当你做到了你就是美的化身。

宽恕是一种净化

佛陀常常告诫弟子们，"比丘常带三分呆"，是要弟子们做大智若愚之状，凡事不要太计较，即使遭到了别人的无礼也要宽恕他们，因为宽恕别人，也是升华自己。

二十世纪五十年代，许多商人知道于右任是著名的书法家，纷纷在自己的公司、店铺、饭店门口挂起了署名于右任题写的招牌，以此招徕顾客。其中确为于右任所题的极少，赝品居多。

一天，一学生匆匆地来见于右任，说："老师，我今天中午去一家平时常去的小饭馆吃饭，想不到他们居然也挂起了以您的名义题写的招牌。明目张胆地欺世盗名，您老说可气不可气！"

正在练习书法的于右任"哦"了一声，放下毛笔，然后缓缓地问："他们这块招牌上的字写得好不好？"

"好我也就不说了。"学生叫苦道，"也不知他们在哪儿找了个新手写的，字写得歪歪斜斜，难看死了。下面还签上老师您的大名，连我看着都觉得害臊！"

"这可不行！"于右任沉思片刻，说道，"你说你平时经常去那家馆子吃饭，他们卖的东西有啥特点，铺子叫个啥名？"

"这是家面食馆，店面虽小，饭菜却还做得干净。尤其是羊肉泡馍做得特地道，铺名就叫'羊肉泡馍馆'"。

"呃……"于右任沉默不语。

"我去把它摘下来！"学生说完，转身要走，却被于右任喊住了。

"慢着，你等等。"

于右任顺手从书案旁拿过一张宣纸，拎起毛笔，刷刷地在纸上写下了些什么，然后交给恭候在一旁的学生，说道："你去把这个东西交给店老板。"

学生接过宣纸一看，不由得呆住。只见纸上写着笔墨酣畅、龙飞凤舞的几个大字——"羊肉泡馍馆"，落款处则是"于右任题"几个小字，并盖了一方私章。整个书法，可称漂亮之至。

"老师，您这……"学生大惑不解。

"哈哈，"于右任抚着长髯笑道，"你刚才不是说，那块假招牌的字实在是惨不忍睹吗？这冒名顶替固然可恨，但毕竟说明他还是瞧得上我于某人的字，只是不知真假的人看见那假招牌，还以为我于大胡子写的字真的那样差，那我不是就亏了吗？我不能砸了自己的招牌，坏了自己的名声！所以，帮忙帮到底，还是麻烦老弟跑一趟，把那块假的给换下来，如何？"

"啊，我明白了。学生遵命。"转怒为喜的学生拿着于右任的题字匆匆去了。就这样，这家羊肉泡馍馆的店主竟以一块假招牌换来了当代大书法家于右任的墨宝，喜出望外之余，未免有惭愧之意。

宽恕，亦是一种净化。当我们手捧鲜花送给他人时，首先闻到花香的是我们自己；而当我们抓起泥巴想抛向他人时，首先弄脏的就是我们自己的手。

宽恕别人并不困难，但也不容易，关键是看我们抱持怎样的心态去对待。

美国前总统林肯，少年时期曾在一家杂货店打工。有一次，一位顾客的钱包被另一位顾客拿走了，丢了钱包的顾客认为钱是在店中丢的，所以杂货店应当负责，便与林肯发生了争执。而杂货店的老板却为此开除了林肯，老板说："我必须开除你，因为你令顾客对我们店的服务很不满意，因此我们将失去许多生意，我们应该学会宽恕顾客的错误，顾客就是我们的上帝。"

林肯一直都不接受这位顾客的无理和原谅老板的不通情理，但是很多年以后，做了总统的林肯却意味深长地说："我应该感谢杂货店的老板，是他让我明白了宽恕是多么的重要。"

宽恕别人，就是善待自己。仇恨只能让我们的心灵永远生存在黑暗之中；而宽恕，却能让我们的心灵获得自由，获得解脱。

其实，宽恕别人的过错，得益最大的是我们自己。曾有这样一个实验，荷兰的一所著名大学的研究人员组织了一批志愿者做了一项有关"宽恕"的实验。

志愿者们被要求想象他们被人伤害了感情，并反复"回忆"被伤害时的情景。研究人员发现，此时的志愿者在身体上和精神上的压力同时加大，伴随着血压升高，他们心跳加快、出汗、面部表情扭曲。之后，研究人员又要求他们停止想自己被别人伤害的事情，虽然没有刚才的生理反应大，但是某些生理症状却依旧存在。最后，志愿者被要求想象已经原谅了自己的"假想敌"，这时，志愿者感到身心放松并且非常的愉快。

这样，研究人员得出结论：宽恕别人，并非意味着为犯错的人找借口，而是将目光集中在他们好的方面，从而把自己从痛苦中拯救出来。这正应了那句话：不要拿别人的错误来惩罚自己。

佛陀说："对愤怒的人，以愤怒还牙，是一件不应该的事。对愤怒的人，不以愤怒还牙的人，将可得到两个胜利：知道他人的愤怒，而以正念镇静自己的人，不但能胜于自己，也能胜于他人。"这就是宽恕的力量。

淡言淡语 >>>

你若能容下这个世界，这个世界也能容下你。你不用心挤兑这个世界，这个世界也不会挤兑你的心。这个世界是宽广的，你的心跟它一样宽广，你肯定会"量大福大"——至少你的心灵会是幸福的。

第四辑
欲望沟壑难填，何苦为它癫狂

当你得到一个青苹果时，你是不是想得到一个红苹果？当你得到更多的红苹果时，你会不会因为没有选择其他水果而后悔？然而选择只有一个！如果你不能有效控制自己的欲望，永远不满足于已得到的；如果每每你得到时，就都会为相应的失去感到遗憾，如此一来，快乐又何处寻找？

欲望是永远也填不满的沟壑，只有理性地控制欲望，放弃那些令人负累的"奢求"，你才能有所获得。

养心莫善于寡欲

中国有一句俗话叫"知足常乐"。还有句话是"不计众苦，少欲知足"。孟子有一句话："养心莫善于寡欲。"是说希望心能够正，欲望越少越好。他还说："其为人也寡欲，虽不存焉者寡矣；其为人也多欲，虽有存焉者寡矣。"欲少则仁心存，欲多则仁心亡，说明了欲与仁之间的关系。

自古仕途多变故，所以古人以为身在官场的纷华中，要有时刻淡化利欲之心的心理。利欲之心人固有之，甚至生亦我所欲，所欲有甚于生者，这当然是正常的，问题是要能进行自控，不要把一切看得太重，到了接近极限的时候，要能把握得准，跳得出这个圈子，不为利欲之争而舍弃了一切。

怎么才能使自己的欲望趋淡呢？"仕途虽纷华，要常思泉下的况景，则利欲之心自淡"。常以世事世物自喻自说则可贯通得失。比如，看到深山中参天的古木不遭斧斫，葱茏蓬勃，究其原因是它们不为世人所知所赏，自是悠闲岁月，福泽年长，"方信人是福人"；看到天际的彩云绚丽万状，可是一旦阳光淡去，满天的绯红嫣紫，瞬时成了几抹淡云，古人就会得出结论道："常疑好事皆虚事。"中国的古代，自汉魏以降，高官名宦，无不以通佛味解佛心为风雅，可以在失势时自我平衡、自我解脱。

人生在世，除了生存的欲望以外，还有各种各样的欲望，自我实现就是其中之一。欲望在一定程度上是促进社会发展的动力，可是，欲望是无止境的，欲望太强烈，就会造成痛苦和不幸，这种例子不胜枚举。因此，人应该尽力克制自己过度的欲望，培养清心寡欲，知足常乐的生活态度。

《菜根谭》中主张："爵位不宜太盛，太盛则危；能事不宜尽华，尽华则衰；行谊不宜过高，过高则谤兴而毁来。"意即官爵不必达到登峰造极的地步，否则就容易陷入危险的境地；自己得意之事也不可过度，否则就会转为衰颓；言行不要过于高洁，否则就会招来诽谤或攻击。

同理，在追求快乐的时候，也不要忘记"乐极生悲"这句话，适可而止，才能掌握真正的快乐。大凡美味佳肴吃多了就如同吃药一样，只要吃一半就够了；令人愉快的事追求太过则会成为败身丧德的媒介，能够控制一半才是恰到好处。

所谓"花看半开，酒饮微醉，此中大有佳趣。若至烂漫酕醄，便成恶境矣。履盈满者，宜思之"。意即赏花的最佳时刻是含苞待放之时，喝酒则是在半醉时的感觉最佳。凡事只达七八分处才有佳趣产生。正如酒止微醺，花看半开，则瞻前大有希望，顾后也没断绝生机。如此自能悠久长存于天地畛域之中。

又如："宾朋云集，剧饮淋漓乐矣，俄而漏尽烛残，香销茗冷，不觉反而呕咽，令人索然无味。天下事率类此，奈何不早回头也。"痛饮狂欢固然快乐，但是等到曲终人散，夜深烛残的时候，面对杯盘狼藉必然会兴尽悲来，感到人生索然无味。天下事莫不如此，为什么不及早醒悟呢？

常常看到有些人为了谋到一官半职，请客送礼，煞费苦心地找关系、托门路、机关用尽，而结果还往往与愿相违；还有些人因未能得到重用，就牢骚满腹，借酒浇愁，甚至做些对自己不负责任的事情。凡此种种，真是太不值得了！他们这样做都是因为太看重名利，甚至把自己的身家性命都押在了上面。其实生命的乐趣很多，何必那么关注功名利禄这些身外之物呢？少点欲望，多点情趣，人生会更有意义。更何况该是你的跑不掉，不该是你的争也白搭。

古人云：求名之心过盛必作伪，利欲之心过剩则偏执。面对名利之风渐盛的社会，面对物质压迫精神的现状，能够做到视名利如粪土，视物质为赘物，在简单、朴素中体验心灵的丰盈、充实，才能将自己始终置身于一种平和、淡定的境界之中。

一个欧洲观光团来到非洲一个叫亚米亚尼的原始部落。部落里有位老者，穿着白袍，盘着腿安静地坐在一棵菩提树下做草编。草编非常精致，它吸引了一位法国商人。他想：要是将这些草编运到法国，巴黎的妇人戴着这种草编的小圆帽，挎着这种草编的篮子，该是多么时尚、多么风情啊！想到这里，商人激动地问："这些草编多少钱一件？"

"10比索。"老者微笑着回答道。

天哪！这会让我发大财的。商人欣喜若狂。

"假如我买10万顶草帽和10万个草篮，那你打算每一件优惠多少钱？"

"那样的话，就得要20比索一件。"

"什么？"商人简直不敢相信自己的耳朵！他几乎大喊着问："为什么？"

"为什么？"老者也生气了，"做10万件一模一样的草帽和10万个一模一样的草篮，它会让我乏味死的！"

在追逐欲望的过程中，许多现代人忘了生命中除却金钱之外的许多东西。或许，那位亚米亚尼老者才真正参悟了人生的真谛。

淡言淡语 >>>

心中的贪欲常使我们受到束缚，令我们不舍放开握有"坚果"的手，其实只要我们放下无谓的坚持，就可以活得逍遥自在。

不贪为福

人只一念贪欲，便销刚为柔，塞智为昏，变恩为惨，染洁为污，坏了一生人品。故古人以不贪为福，所以度越一世。

相传宋仁宗年间，深泽某村，一个只有母子两个人的家庭，母亲年迈多病，不能干活，儿子王妄，30 岁，还没讨上老婆，靠卖青草来维持生活，日子过得很苦。

这一天，王妄跟以往一样到村北去割草，无意之中，发现草丛里有一条七寸多长的花斑蛇，浑身是伤，动弹不得，王妄动了怜悯之心，带回了家，小心翼翼地为它冲洗涂药，蛇苏醒后，冲着王妄点了点头，表达它的感激之情，母子俩见状非常高兴，赶忙为它编了一个小荆篓，小心地把蛇放了进去。从此，王妄母子俩对蛇精心地护理，蛇的伤逐渐痊愈，蛇身也渐渐长大，而且总像是要跟他们说话似的，很是机灵。为母子俩单调寂寞的生活增添了不少乐趣。日子一天天过去，王妄照样打草，母亲照样守家，小蛇整天在篓里。一天，小蛇觉得闷在屋子里没意思，便爬到院子里晒太阳，让人意想不到，蛇被阳光一照，变得又粗又长，有如大梁，撞见如此情景的王母惊叫一声昏死过去。等王妄回来，蛇已回到屋里，也恢复了原形，却用人类的语言着急地向王妄说："我今天失礼了，把母亲给吓死过去了，你赶快从我身上取下三块小皮，再弄些野草，放在锅里煎熬成汤，让娘喝下去就会好。"王妄说："不行，这样会伤害你的身体，还是想别的办法吧！"花斑蛇催促着说："不要紧，你快点，我能顶得住。"王妄只好流着眼泪照办了。母亲喝下汤后，很快苏醒过来，母子俩又感激又纳闷，可谁也没说什么，王妄再一回想

第四辑 欲望沟壑难填，何苦为它癫狂

每天晚上蛇篓里放金光的情形，更觉得这条蛇非同一般。

话说宋仁宗整天不理朝政，宫里的生活日复一日，没什么新花样，觉得厌烦，想要一颗夜明珠玩玩，就张贴告示，谁能献上一颗，就封官受赏。这事传到王妄耳里，回家对蛇一说，蛇沉思了一会儿说："这几年来你对我很好，而且有救命之恩，总想报答，可一直没机会，现在总算能为你做点事了。实话告诉你，我的双眼就是两颗夜明珠，你将我的眼睛挖出来，献给皇帝，就可以升官发财，老母也就能安度晚年了。"王妄听后非常高兴，可他毕竟和蛇有了感情，不忍心下手，说："那样做太残忍了，而且你会疼得受不了的。"蛇说："不要紧，我能顶得住。"于是，王妄挖了蛇的一只眼睛，第二天到京城，把宝珠献给仁宗。满朝文武从没见过这么奇异的宝珠，赞不绝口，到了晚上，宝珠发出奇异的光芒，把整个宫廷照得通亮，仁宗非常高兴，封王妄为大官，并赏了他很多金银财宝。

仁宗看到宝珠后，很赏识，占为己有，娘娘见了，也想要一颗，不得已，宋仁宗再次下令寻找宝珠，并说把丞相的位子留给第二个献宝的人。王妄想，我把蛇的第二只眼睛弄来献上，那丞相不就是我的了吗？于是到仁宗面前说自己还能找到一颗，仁宗高兴地把丞相给了他，可万没想到，王妄的卫士去取第二只眼睛时，蛇无论如何不给，说非见王妄才行，王妄只好亲自来见蛇。蛇见了王妄直言劝道："我为了报答你，已经献出了一只眼睛，你也升了官，发了财，就别再要我的第二只眼睛了。人不可贪心。"王妄早已鬼迷心窍，哪里还听得进去，厚颜无耻地说："我不是想当丞相吗？你不给我怎么能当上呢？况且，这事我已跟皇上说了，官也给了我，你不给不好收场呀，你就成全了我吧！"他执意要取蛇的第二只眼睛，蛇见他变得这么贪心残忍，早气坏了，就说："那好吧！你拿刀子去吧！不过，你要把我放到院子里再去取。"王妄早已急不可待，对蛇的话也不分析，一口答应，就把蛇放到了阳光照射的院子里，转回屋取刀子，等他出来剜宝珠时，蛇身已变成了大梁一般，张着大口冲他喘气，王妄吓得魂都散了，想跑已来不及，蛇一口就吞下了这个贪婪的人。

品行的修养是一生一世的事，艰苦而又有些残酷，尤其古人对品行有污染者很不愿意原谅。为人绝对不可动贪心，贪心一动良知自然就泯灭，良知泯灭就丧失了正邪观念，正气一失，其他就随意而变了。俗话说，吃人家的嘴软，拿人家的手短。生活中一些人抵不住"贪"字，灵智为之蒙蔽，刚正之气由此消失。在商品社会，许多人经不住贪欲之诱，以身试法。"不贪"真应如利剑高悬才对，警世而又可以救人。

淡言淡语 >>>

很多人为身外之物殚精竭虑，不惜丧失良知，甚至是生命。殊不知，过度贪婪，会使你的生命之舟超载，无法承受住人生风浪的考验。一个生活的智者，首先应懂得"适度舍弃"这个道理。

不做赚钱的机器

金钱不应该是罪恶的根源，但如果金钱让人饮食无味，彻夜难寐，那它就会成为戕害你的刽子手。遗憾的是，在很多人心中，对于金钱的执著欲望，永远都无法满足，这就是人们常说的贪婪。这类人或许能够得到很多财富，但却因此丧失了健康、快乐，未免太不值得。

1936年，美国好莱坞影星利奥·罗斯顿在英国一次演出时，因患心肌衰竭被送进了伦敦一家著名的医院——汤普森急救中心，因为他的疾病起因于肥胖，当时他体重385磅，尽管抢救他的医生使用了当时医院最先进的药物和医疗器械，但最终还是没有能够挽留住他的生命。他在临终时不断自言自语，一遍遍重复道："你的身躯很庞大，但你的生命需要的仅仅是一颗心脏。"

汤普森医院的院长为一颗艺术明星过早地陨落而感到非常伤心和惋惜，他决定将这句话刻在医院的大楼上，以此来警策后人。

1983年，美国的石油大亨默尔在为生意奔波的途中，由于过度劳累，患了心肌衰竭，也住进了这家医院，一个月之后，他顺利地病愈出院了。出院后他立刻变卖了自己多年来辛苦经营的石油公司，住到了苏格兰的一栋乡下别墅里去了。1998年，在汤普森医院百年庆典宴会上，有记者问前来参加庆典的默尔："当初你为什么要卖掉自己的公司？"默尔指着刻在大楼上的那句话说："是利奥·罗斯顿提醒了我。"

后来在默尔的传记里写有这样一句话："巨富和肥胖并没有什么两样，不过是获得了超过自己需要的东西罢了。"

的确，多余的脂肪会压迫人的心脏，多余的财富会拖累人的心灵。因此，对于真正享受生活的人来说，任何不需要的东西都是多余的，他们不会让自己去背负这样一个沉重的包袱。人如果想活得健康一点儿、自在一点儿，任何多余的东西都必须舍弃。金钱对某些人来说，可能很重要，但对某些人来说，一点也不重要。不要做金钱的奴隶，金钱不是万能的，它不能买到世间的一切。

小山次郎是一个地道的农夫，他终日守在自己的土地上辛勤地耕耘着，日出而作，日落而息，虽然生活并不富裕，但是不愁温饱，日子倒也过得和美快乐。有一天晚上，他梦见自己得到了10锭马蹄金，他从笑声中醒来后，并没有把这个梦放在心上。

可意想不到的是，第二天，小山次郎在耕地的时候，竟然真的挖出了5锭金子，他的妻子和儿女们都兴奋不已。可他从此后却变得闷闷不乐，整天心事重重，家人问他为什么现在有钱了，反而不高兴了呢？小山次郎回答说："我整天都在绞尽脑汁地思考：另外5锭马蹄金到底在哪儿呢？"

庆幸得到了金子，却失去了生活的快乐，有时真正的快乐是和金钱无关的。"人为财死，鸟为食亡"，如果把钱财看得太重，结果往往是对自己无益的。最终金钱不但不是为自己服务，自己反而被金钱所奴役。

其实生活的心态是一柄双刃剑，我们通常把拥有财产的多少、外表形象的好坏看得过于重要，用金钱、精力和时间去换取一种令外界羡慕的优越生活和无懈可击的外表，却丝毫没有察觉自己的内心在一天天地枯萎。

任何时候我们都不可远离生活中的真善美，不能被金钱所奴役，必须保持一颗不被铜臭所玷污的心，这样才能永远与快乐同行。否则，对金钱和财富的欲望会让我们堕入痛苦的深渊。

幸福和快乐原本是精神的产物，期待通过增加物质财富而获得它们，岂不是缘木求鱼？当我们为了拥有一辆漂亮小汽车、一幢豪华别墅而加班加点地拼命工作，每天半夜三更才拖着疲惫的身体回到家里；为了涨一次工资，不得不默默忍受上司苛刻的指责，日复一日地赔尽笑脸；为了签更多的合同，年复一年日复一日地戴上面具，强颜欢笑……以至于最后回到家里的是一个孤独苍白的自己，长此以往，终将不胜负荷，最后悲怆地倒在医院病床上的，一定是一个百病缠身的自己。此时此刻，我们应该问问自己：金钱真的那么重要吗？有些人的钱只有两样用途：壮年时用来买饭吃，暮年时用来买药吃。

人生苦短，不要总是把自己当成赚钱的机器。一生为赚钱而活着是非常悲哀的，学会把钱财看得淡些，不要一味地去追求享受。

要做金钱的主人，不要做金钱的奴隶，最有效的办法是用自己的双手创造财富的同时，不妨多一点休闲的念头，不要忘了自己的业余爱好，不妨每天花点时间与家人一起去看场电影，去散散步，去郊游一次……如果这样，生活将会变得丰富多彩，富有情趣；心灵会变得轻松惬意，自由舒畅；生命会变得活力无限。

淡言淡语 >>>

金钱就是自由，但是大量的财富却是桎梏。如果你认为金钱是万能的，很快就会发现自己陷入痛苦之中。我们应该把自己放在生活主人的位置上，让自己成为一个真正的、完善的人。一个有生活情趣的人，才能让幸福快乐长久地洋溢在心间。

不知足者不知乐

在日常生活中，很多时候，我们都不愿放弃对权力与金钱的追逐，依旧固执地不肯放下已经过去很久的往事……于是，我们只能用生命作为代价，透支着健康与年华；然而当我们得到一些自认为很珍贵的东西时，不知有多少与生命休戚相关的美丽像沙子一样在指间溜走，但我们却很少去思忖：掌中所握的生命的沙子，数量是非常有限的，一旦失去，便再也无法捞回来了。

托尔斯泰曾说过："欲望越小，人生就越幸福。"古往今来，不知有多少人因贪婪而身败名裂，甚至招致杀身之祸，驱使他们做出种种抉择的动力就是不可控制的贪欲，也因他们缺少了一种放松生活、开朗热情的良好品质。

　　清朝开国初期，摄政王多尔衮一生为了追名逐利，争权夺势而不能自拔。多尔衮的哥哥皇太极去世后，虽然已拥立其子福临（即顺治）为帝，但多尔衮欲篡夺皇位的野心丝毫没有消减。孝庄文太后为了稳住与抚慰多尔衮贪婪之心，让其儿子顺治帝封多尔衮为皇叔摄政王。但是，这并没有使多尔衮对孝庄文太后母子的这一恩赐买账。他一面在暗地里制作龙冠、龙袍，以备伺机谋篡大位；另一面指使苏克萨哈、穆济伦等近侍策划"加封皇叔父摄政王为皇父摄政王，凡进呈本章旨意，俱书皇父摄政王"。

　　在清朝众多的摄政、辅政王中，仅此一人称"皇父摄政王"的尊号与殊荣。对此，不只是当朝文武诸臣大惑不解，就连友邦也深感费解，引起一些议论与猜测，乃至朝鲜国王说："实际上就是两个皇帝了。"

　　随着权力的剧增，多尔衮贪婪的胃口也日益增大。极尽追名逐利之能事，把福临之所以能登上大宝的功劳据为己有，把各王公在入主中原前后的战功也尽归于己。

　　由于多尔衮贪得无厌、利欲熏心，倚仗他的权势恣意横行，天人共怒。正所谓利深祸速，他去世不足半月，顺治帝就一反常态地向皇父多尔衮大肆施以夺权之举：先命手下大学士等朝臣闯进摄政王府收缴信符之类悉入内库；继而又派吏部侍郎索洪等人把赏功册夺回大内；再把多尔衮十数款罪状公布于世之后，就"将伊母子并妻所得封典，悉行追夺。诏令削爵，财产入官，平毁墓葬"。

　　一般贪婪自私的人目光如豆，只看得见眼前的利益，看不见身边隐藏的危机，也看不见自己生活的方向。人如果贪欲过多，往往却是生活在日益加剧的痛苦中，一旦欲望获得满足，他们仍然会失去正确的人生目标，陷入对蝇头小利的追逐；还有一些人好贪小便宜，却因此而吃了大亏，这就是所谓的"不知足者永不乐"。

淡言淡语

过分自满，不如适可而止；锋芒太露，势必难保长久；金玉满堂，往往无法永远拥有；富贵而骄奢，必定自取灭亡。而功成名就，急流勇退，将一切名利都抛开，这样才合乎自然法则。

拥有花，就去深嗅花的芬芳

拥有花，就去深嗅花的芬芳；拥有草，就去欣赏草的青绿，拥有一颗知足心品尝已有果实和美味，才能获得真实的快乐。

菩萨在得道之前，是一个大国的国王，名叫察微。有一次，在空闲的日子里，察微王穿着粗布衣服，去巡视民情。他看到一个老头正在愁眉苦脸地补鞋，就开玩笑地问他说："天下的人，你认为谁是最快乐的？"

老头儿不假思索地回答："当然是国王最快乐了，难道是我这老头儿呀？"

察微王问："他怎么快乐呢？"

老头儿回答道："百官尊奉，万民贡献，想要什么，就能有什么，这当然很快乐。哪像我整天要为别人补鞋子这么辛苦。"

察微王说："那倒如你讲的。"

他便请老头儿喝葡萄酒，老头儿醉得毫无知觉。察微王让人把他扛进宫中，对宫中的人说："这个补鞋的老头儿说做国王最快乐。我今天和他开个玩笑，让他穿上国王的衣服，听理政事，你们配合点。"

宫中的人说："好！"

老头儿酒醒过来，侍候的宫女假意上前说道："大王醉酒，各种事情积压下许多，应该去理政事了。"

众人把老头儿带到百官面前，宰相催促他处理政事，他懵懵懂懂，东西不分。史官记下他的过失，大臣又提出意见。他整日坐着，身体酸痛，连吃饭都觉得没味道，也就一天天瘦了下来。

宫女假意地问道："大王为什么不高兴呀？"

老头儿回答道："我梦见我是一个补鞋的老头儿，辛辛苦苦，想找碗饭吃，也很艰难，因此心中发愁。"

众人莫不暗暗发笑。夜里，老头儿翻来复去睡不着觉，说道："我究竟是一个补鞋的老头呢？还是一个真正的国王？要真是国王，皮肤怎么这么粗？要是个补鞋的老头又怎么会在王宫里？是我的心在乱想，还是眼睛看错了？一身两处，不知哪处是真的？"

王后假意说道："大王的心情不愉快。"便吩咐摆出音乐舞蹈，让老头儿喝葡萄酒。

老头儿又醉得不省人事。大家给他穿上原来的衣服，把他送回原来的破床上。老头儿酒醒过来，看见自己的破烂屋子，还有身上的破旧衣服，都和原来一样，全身关节疼痛，好像挨了打似的。

几天之后，察微王又去看老头儿。老头儿说："上次喝了你的酒，就醉得不晓人事，到现在才醒过来。我梦见我做了国王，和大臣们一起商议政事。史官记下了我的过失，大臣们又批评我，我心里真是惊惶忧虑，全身关节疼痛，比挨了打还痛苦。做梦都如此，不知道真正做了国王会怎么样？上次说的那些话错了。"

所以说："莫羡王孙乐，王孙苦难言；安贫以守道，知足即是福。"

第四辑 欲望沟壑难填，何苦为它癫狂

补鞋的老头儿羡慕国王的生活，以为锦衣玉食、万民朝拜就是一种快乐，岂不知国王也有国王的苦恼，补鞋也有补鞋的乐趣。

其实布衣茶饭，也可乐终身。人生在世，贵在懂得知足常乐，要有一颗豁达开朗平淡的心，在缤纷多变、物欲横流的生活中，拒绝各种诱惑，心境变得恬适，生活自然就愉悦了。而人之所以有烦恼，就在于不知足，整天在欲望的驱使下，忙忙碌碌地为着自己所谓的"幸福"追逐、焦灼、勾心斗角……结果却并非所想。

早在春秋时期，就有过这种活生生的例子。曾与"卧薪尝胆"的越王勾践一起同甘共苦过的范蠡，在越国最终击败吴国之后被任命为大将军。在世人看来，此时的范蠡本应享受富贵荣华风光无限，可他却偏偏辞去官职离开越国，彻底地销声匿迹了。据《史记》记载，范蠡先是去了齐国务农，后又移居陶地经商，并更名改姓陶朱公，安享余生，直至终老。

而与范蠡同样作为越国重臣的文种，却因为贪心不足，落得个完全不同的结局。

在越国击灭吴国后，曾经在沙场上立下了汗马功劳的文种依然选择留在越王勾践的身边，完全不顾范蠡对他做出的"飞鸟尽，良弓藏，狡兔死，猎狗烹"的忠告。虽然文种最后也称病辞官，可他却因为不愿放弃家乡的良田美景而继续留在了越国国内。由于他的功劳和威名实在太大，所以当奸佞小人诬陷他有兴兵作乱的企图时，早就想要除掉这个心腹大患的越王勾践也就借着这个机会，以谋反罪将文种处死了。

同样是居功至伟的朝廷重臣，可范蠡和文种的最终结局却一生一死迥然有别。归根结底，还不是因为他们在对待"名利"二字的态度和做法上存在着太多的不同。淡泊名利的得以快乐终老，而执著名利的却最终人财两空。

> **淡言淡语** >>>
>
> 知足天地宽，贪则宇宙窄。放下肩头利欲的重担，拉住知足的手，珍惜所得到的所拥有的一切，在知足中进取，快乐将永远陪伴左右。

切莫为物所役

人人都有喜好，但过分痴迷于某一事物则不可取，不能让诱惑自己的东西太杂太多，因为它往往会成为对手击败你的契机。

托尔斯泰曾说过："欲望越小，人生就越幸福。"这话蕴含着深刻的人生哲理。它是针对欲望越大人越贪婪，越易致祸而言的。"身外物，不奢恋"，这是思悟后的清醒。谁能做到这一点，谁就会活得轻松，过得自在。

老将军横刀立马，运筹帷幄，屡破强敌，威名远播。他一生淡泊名利，却唯独对瓷器青睐有加，几近痴迷。敌国谋士探得老将军这一嗜好以后，计上心头，决定借此做些文章。

谋士千方百计透过第三方让老将军得知，不远处的一座寺庙，主持为修葺佛堂正在出售多年收藏的瓷器，且件件都是稀世珍品。老将军闻听此讯，立即卸下盔甲，兴冲冲地奔赴寺庙，结果自然是高兴而去，扫兴而归。更可气的是，就在老将军离开的这段时间，敌人乘机攻下了一座城池。

回城后，老将军愤怒不已，他出神地望着手中的一件瓷器，思索着城池陷落的前后。突然，瓷器自手中滑落，多亏老将军反应迅速，在落地之前牢牢将瓷器抓在手中，身上已然惊出了冷汗。老将军心想："我率领千军万马往来于敌阵之间，从未有过一丝惧怕，没想到一件小小的瓷器竟将我吓成这般模样。"想着想着，老将军扬起手，将瓷器狠狠地摔在了地上。

其实，老将军在砸碎瓷器的同时，也砸碎了自己的痴念。做人，若想掌控欲望，就必须要持有一颗平常心，在掌控住欲望的同时，也就意味着我们锁住了贪婪。

有一个老锁匠，技艺高超，一生修锁无数，为人正直。但是，时间不饶人，老锁匠老了，为了不让绝技失传，他挑中了两个年轻人，准备将技艺传给他们。没过多久，两个年轻人都学会了不少东西。可按规定，两个人中只有一人能得到真传，老锁匠决定对他们进行一次考试。

于是，老锁匠准备了两个保险柜，分别放在两个房间，让两个徒弟去开。结果大徒弟不到十分钟就打开了保险柜，可二徒弟却用了半个小时，大家都为大徒弟的高超技艺喝彩。

老锁匠问大徒弟："保险柜里装的是什么？"

大徒弟眼中放出了光彩："师傅，里面有许多钱，全是百元大钞。"

老锁匠又问二徒弟："你说，保险柜里装的是什么？"

二徒弟支吾了半天，说："师傅，我没看见里面是什么，您只让我打开锁。"

老锁匠非常高兴，郑重地宣布二徒弟为接班人。

大徒弟不服气，大家也感到不解。

老锁匠微微一笑，说："不论干什么行业，都要讲一个'信'字，特别是我们这一行，必须做到心中只有锁而无其他，对钱财更要视而不见，心上要有一把永远不能打开的锁啊。"

是啊！人生何尝不是如此，每个人心中都应有一把锁，锁住一切贪欲和私念，这样在我们的人生旅途中，才会光明磊落。一旦随意打开它，那我们还有什么可以锁住？锁住心中贪欲的同时，你就为自己的心灵打开了一片广阔的天空。

明末清初有一本叫做《解人颐》的书，书中对"欲望"有一段入木三分的描述：

终日奔波只为饥，方才一饱便思衣。
衣食两般皆俱足，又想娇容美貌妻。
娶得娇妻生下子，恨无田地少根基。
买到田园多广阔，出入无船少马骑。
槽头拴了骡和马，叹无官职被人欺。
当了县丞嫌官小，又要朝中挂紫衣。
若要世人心里足，除是南柯一梦西。

由此可见，人心不足蛇吞象不是一句空言。做人如果控制不了自己的欲望，就要成为欲望的奴隶，最终要被欲望所淹没。人之求利，情理之常，但君子爱财，应取之有道，如果无视社会法律、规则、道德，一味地强取豪夺，贪婪成性，只能让人唾弃。锁住贪欲，放下贪婪，会让你活得更轻松、更坦然。

有一个专做老红木家具生意的古董商，在一处偏僻的小山村里，无意间发现了一个十分珍贵的老式红木旧柜子。他惊喜万分，但过后不久，古董商开始动了心思。他先是与柜子的主人闲扯聊天，然后又假装在不经意间、小心翼翼地扯到了柜子上。随后，开价500元人民币准备购买。

山里人从来没有见过这么多钱，他把古董商看得直发毛。最后，山里人终于同意了，古董商一颗"怦怦"乱跳的心才算稳了下来。

但他马上又开始后悔了。原来，当看到山里人这么爽快地答应下来，他就觉得自己吃亏了，"根本就不应该出500元，也许300元足够了。"但是，还不能反悔，这样很容易让对方看出破绽。于是，古董商不死心地围着房前屋后细细琢磨。

真巧，居然找到了一把脏兮兮的红木椅子！他对主人说："这个柜子实在太破了，拿回去也修不好，只能当柴火烧。"

山里人喃喃道："要不，你就别要了。"

古董商非常大度地一挥手："说出的话，怎能随便咽回去？这样吧，你干脆把那把椅子也送给我算了。"

山里人本来就有些自感惭愧，听他这样说，当然感激地连忙点头。

古董商笑道："那我明天早上再来取这些柴火。"

第二天一早，当古董商带着车来装运柜子和椅子时，看到门前有一堆柴火，山里人走出来说：

"您大老远的来一趟不容易，我已经替你把柴火劈好了。"

"后来呢？"有人问古董商。

古董商非常平静地从书架上取出一根木头。用右手做了一个"八"字形，原来，除了500元木头款外，还支付了300元的劈柴费。停了一会儿，古董商非常认真地说："其实，这800元应该算学费，因为从此我知道了过分贪婪将意味着什么。"

欲望，人皆有之。欲望本身并非都不好，但是欲望一旦无度，变成了贪欲，人也就变成了欲望的奴隶。贪婪是灾祸的根源。过分的贪婪与吝啬，只会让人渐渐地失去信誉、友谊、亲情等；物欲太盛造成灵魂变态，精神上永无快乐，永无宁静，只能给人生带来无限的烦恼和痛苦。

因此，我们每个人都要懂得控制自己的欲望，善待财富，切忌吝啬与贪婪；还要自由地驾驭外物，将钱财用之于正道，凭借自己的才能智慧赚取钱财，去助人成就好事。

淡言淡语

钱财身外物，生不带来，死不带去；得之正道，所得便可喜，用之正道，钱财便助人成就好事。如果做了守财奴，一点点小钱也看得如性命，甚至为了钱财忘了义理，为一得失不惜毁了容颜丢掉性命，那也就是为物所役，那"倒不如无此一物"了。所以前人说，人这一生可留意于物，但绝不可留恋于物，更不可为物所役，可见，锁住贪欲是非常必要的。

抓住最重要的

贪婪的人一旦抓住自己喜爱的事物，便不肯再放手，即便他握着的是一颗"定时炸弹"，即便危险即将来临，他们还是要死死抓住不放。

一位年轻人在岸边看到水中有一块闪闪发亮的金块，他很高兴，赶紧跳进水里捞取。但是任凭他怎么捞都捞不到。筋疲力竭、全身既湿又脏的他只好上岸休息，没想到在水波平静之后，金块又出现了。

他想："水中的金块到底在哪里呢？我明明看到了，为什么却捞不到呢？"于是，他又跳下去捞，结果还是没有捞出来，他实在是不甘心。

这时，有个人出现在他面前，看到他全身湿淋淋又脏兮兮的，问道："发生了什么事？"

年轻人回答："我明明看到水中有金块，但是不管怎么捞都捞不到。"

那人看看平静的水面，再抬头望着树，说："你看，金块不是在水中，而是在树上！"

许多人都如同这个年轻人一样，把积聚金钱看成人生最重要的事情去做，结果却劳而无功，不仅没有得到金钱，而且还丢掉了比金钱更宝贵的东西，金钱有时同样是可遇而不可求的，倘若你为了得到金钱，不惜破坏或舍弃自己的人格。那么，你得到了金钱又能如何？

现实生活中，金钱确实非常重要，我们要生活，就必须用钱来购买一切生活用品。但问题是，现代人的"生活必需品"较之从前的人是越来越多了。人们对精神层次的追求也越来越高，要满足精神需求所要付出的代价也往往随之升高，而这种代价多数情况下都是金钱的代价。

当然，还有另外一个原因，那就是不管赚多少，都还想要更多的贪念。我们一旦被"必须要更多"的钩子钓上，一生便无法摆脱这个束缚了。

的确，钱财在某种程度上能够证明一个人是否成功，钱也使你不必担心账单无法支付。可是，除此之外，它似乎不再有其他的好处。

一个人即便再有钱，一次吃的牛排也是有数的。所以，金钱多的人未必就拥有幸福，他只是不必为付钞票担忧罢了。

有多少人为争夺前人留下的一笔遗产而与家人大打出手、弄得鸡犬不宁、妻离子散？这实在是人世间的一种悲哀，他们根本不知道生命中最重要的是什么。他们因为贪婪而败坏了原本幸福快乐的家庭，他们虽然怀抱着金钱，却只能与孤寂、悲哀为伴。

有一位富翁，得了重病，知道自己将不久于人世，就把两个儿子唤到床前说："我死了以后，你们兄弟二人将财产平分，不要争夺……"

话未说完，富翁就去世了。

兄弟二人望着万贯家财，心生贪念，将父亲的话抛之脑后，开始你争我夺。可无论怎样分配，二人始终都无法达成一致意见。

这时，一位愚笨的老人对他们说道："让我来教你们如何把东西平均分成两份吧！你们只要把所有财物通通从中间切成两份就成了！"

二人听完后，异口同声地说道："真是好方法！"

于是，他们迫不及待地取出衣服、碗盘、花瓶、钱币等家产，将它们从中间、小心翼翼地分成两半，包括房子。

转眼间，万贯家财，变成了一堆堆破铜烂铁。

遗产本就非自己劳动所得，既是一奶同胞的骨肉至亲，谁多一点、谁少一点又有何妨？遗憾的是，世间总是有一些"蠢人"，他们从不肯多让一分利给别人，结果自己也得不到什么。

淡言淡语 >>>

每个人都应小心控制自己对金钱的欲望，要时刻提醒自己，金钱只是控制你合理生活的一个工具，除此之外，若有多余的钱，也只是你努力工作的报偿。不要把积聚金钱当做你人生最重要的事，你的健康、家庭和朋友，才是快乐生活的保障。

看淡人生

自然界的沧桑陵谷、沧海桑田，万物的生老病死，冥冥中自有注定，一切尽在生住异灭之中。你看那果子似未动，实则时刻皆在腐朽之中。名利、地位、金钱，莫不如是。既如此，我们又何必为物欲所累，惶惶不可终日呢？须知，纵使金银砌满楼，死去何曾带一文？

相传很早以前有一位国王,名叫难陀。他非常贪心,拼命聚敛财宝,希望把财宝带到他的后世去。他心想:我要把全国的珍宝都收集起来,一点都不留。因为贪婪,他把自己的女儿置于高楼上,吩咐奴仆说:"如果有人带着财宝来求见我的女儿,把这个人连他的财宝一起送到我这儿来!"他用这样的办法聚敛财宝,全国没有一个地方会留有宝物,所有的财宝都进了国王的仓库。

那时有一个寡妇,她只有一个儿子,心中很是疼爱。这儿子看见国王的女儿姿态优美,容貌俏丽,很是动心。可他家里穷,没法结交国王的女儿。不久,他生起病来,身体瘦弱,气息奄奄。他母亲问他:"你害了什么病,病成这样?"

儿子把实情告知于母亲:"如果不能和国王的女儿交往,我必死无疑。"

"但国内所有的财宝都被国王收去了,到哪弄钱呢?"母亲又想了一阵,说道:"你父亲死时,口中含了一枚金币,如果把坟墓挖开,可以得到那枚金币,你用它去结交国王的女儿吧。"

儿子依母亲所言,挖开父亲的坟墓,从口中取出金币。随后,他来到国王女儿那里。于是乎,他连同那枚金币被送去见国王。国王问道:"国内所有的财宝,都在我的仓库里,你从哪里得来这枚金币?一定是发现地下宝藏了吧!"

国王用尽种种刑具,拷问寡妇的儿子,想问出金币的来处。寡妇的儿子辩解:"我真没有发现地下宝藏。母亲告诉我,先父死时,放过一枚金币在口中,我就去挖开坟墓,取出了这枚金币。"

于是,国王派人去检验真假。使者前去,发现果有其事。国王听到使者的报告,心想:我先前聚集这么多宝物,想把它们带到后世。可那个死人却连一枚金币也带不走,我要这些珍宝又有何用?"

从此,国王不再敛财,一心教化民众,他的国家也因此日渐兴盛。

为人，应淡看富与贵。要知道，有所求的乐，如腰缠万贯、乃至一国之尊的富贵，是混沌和短暂的乐；无所求的乐，即"身心自由无欲求"的富贵心态，才是一种纯粹和永恒的乐。人生中真正有价值的，是拥有一颗开放的心，有勇气从不同的角度衡量自己的生活。那样，你的生命才会不断更新，你的每一天都会充满惊喜。

有这样一个富翁，他为了让自己那整日精神不振的孩子懂得知福、惜福，便将其送到当地最贫穷的村落住了一个月。一个月后，孩子精神饱满地回来，脸上并没有带着被"下放"的不悦，这让富翁感到很是不可思议。

他想知道孩子有何领悟，便问儿子："怎么样？现在你应该知道，不是每个人都能像我们过得这样好吧？"

儿子说："不，他们的日子比我们好。我们晚上只有电灯，而他们有满天星星；我们必须花钱才买到食物，而他们吃的是自己栽种的免费粮食；我们只有一个小花园，可对他们来说，山间到处都是花园；我们听到的是城市里的噪音，他们听到的却是大自然的天籁之音；我们工作时精神紧绷，他们一边工作一边哼着歌；我们要管理佣人、管理员工，有操不完的心，他们只要管好自己；我们要关在房子里吹冷气，他们却能在树下乘凉；我们担心有人来偷钱，他们没什么好担心的；我们老是嫌饭菜不好吃，他们有东西吃就很开心；我们常常无故失眠，他们每夜都睡得很香……"

人生的价值究竟应怎样诠释？相信每个人心中都有一个答案。但事实上，金钱绝不是衡量人生的标准，为金钱而活只是愚人的行径，智者追求的财富除了金钱以外，还会包括健康、青春、智慧……

一位老人在小河边遇见一位青年。

青年唉声叹气，满脸愁云惨雾。

"年轻人，你为什么如此郁郁不乐呢？"老人关心地问道。

青年看了老人一眼，叹气道：

"我是一个名副其实的穷光蛋。我没有房子，没有老婆，更没有孩子；我也没有工作，没有收入，饥一顿饱一顿地度日。老人家，像我这样一无所有的人，怎么会高兴得起来呢？"

"傻孩子，"老人笑道，"其实你不该心灰意冷，你还是很富有的！"

"您说什么？"青年不解。

"其实，你是一个百万富翁呢。"老人有点儿诡秘地说。

"百万富翁？老人家，您别拿我这穷光蛋寻开心了。"青年有些不高兴，转身欲走。

"我怎么会拿你寻开心呢？现在，你回答我几个问题。"

"什么问题？"青年有点好奇。

"假如，我用20万元买走你的健康，你愿意吗？"

"不愿意。"青年摇摇头。

"假如，现在我再出20万，买走你的青春，让你从此变成一个小老头儿，你愿意吗？"

"当然不愿意！"青年干脆地回答。

"假如，我再出20万元，买走你的容貌，让你从此变成一个丑八怪，你可愿意？"

"不愿意！当然不愿意！"青年头摇得像个拨浪鼓。

"假如，我再出20万，买走你的智慧，让你从此浑浑噩噩，了此一生，你可愿意？"

"傻瓜才愿意！"青年一扭头，又想走开。

"别急，请回答我最后一个问题，假如我再出20万，让你去杀人放火，让你失去良知，你愿意吗？"

"天哪！干这种缺德事，魔鬼才愿意！"青年愤愤然。

"好了，刚才我已经开价 100 万，却仍买不走你身上的任何东西，你说，你不是百万富翁，又是什么？"老人微笑着问。

青年恍然大悟，他笑着谢过老人的指点，向远方走去。

从此，他不再叹息，不再忧郁，微笑着寻找他的新生活。

由此可见！我们每一个人都是富翁，因为我们已经意识到，物质上的富有只是一种狭隘、虚浮的富有，而心灵上的富足，才是真正的富有。人生的真正价值应在于，你能否利用有限的精力，为这世界创造无限的价值。一如露珠，若在阳光下蒸发，它只能成为水汽；若能滋润其他生命，它的价值就得到了升华，这才是真正的价值所在！

试问，如果有人出价 100 万，要买走你的健康、你的青春、你的人格、你的尊严、你的爱情……你愿意吗？相信你一定会断然拒绝。如此说来，我们都是很富有的呢！

淡言淡语 >>>

俗语说："纵有房屋千万座，睡觉只需三尺宽；纵积钱财千万亿，死去何曾带一文；今晚脱下鞋和袜，不知明早穿不穿。"话虽有几分粗，但理确是如此。人活一世，没有必要死盯着这些身外之物不放，吃得饱、穿得暖，生有所住，老有所依，我们就可以放开心门去追求那些更有价值的东西了，譬如快乐。

警惕欲望陷阱

欲望一物，常令人心生魔障，为之痴狂，且变化万千，令人防不胜防，一不留神就会坠入精心设置的陷阱。

生活中曾有过这样的事情，一天，老赵去城里看望儿子儿媳，走在半路上，突然见到一个精美的首饰盒滚到他的脚边。身旁的一个小伙子眼尖手快，急忙捡了起来，打开一看，里面竟然有一条金项链，还附有一张发票，上面写着某某饰品店监制，售价二千八百元。老赵当即拽住小伙子，让他在原地等候失主，可是等了老半天，还是没人来认领。

那个小伙子便小声提议两个人私分，说："给我一千元，项链归你。"边说边朝巷口走去。老赵平时就有个贪小便宜的习惯，看看项链，就更动心了。他心想："我可以把它送给我的儿媳妇，当年她嫁过来的时候，我们手头不宽裕也没怎么给她买过东西。这次去看他们，正好把这个项链送给她，她一定会很高兴的，这也是我这个做公公的一番心意嘛。"

老赵的犹豫没有逃过小伙子的眼睛，他更是一个劲地说这条项链有多好，今天运气好才会遇到的。老赵经不住小伙子的游说，便说："可是我没有这么多钱，我是来城里看我儿子的，身上只带了八百块钱。"

小伙子故作大方地说："这样呀，没有关系，我就吃点亏，谁叫您年纪比我大呢？"

于是，老赵就把好不容易凑到的八百块钱给了小伙子，拿着那条金项链美滋滋地向儿子家走去。

一到儿子家，他便把路上的事情跟儿子儿媳说了，还拿出那条金光闪闪的项链送给儿媳妇。小夫妻俩一听就不对，果然，那条项链根本就是假的。

老赵这才恍然大悟，原来人家设了一个陷阱让他跳。

老赵非常懊恼，却毫无办法。为此，他还大病了一场，幸好，他记住了这一教训，再也不敢贪小便宜了。

人的贪欲是一个永远都无法填满的无底洞，有的人不会让自己落入贪欲的陷阱是因为他们比较清醒。而有的人却因为不清醒掉了进去就再也没有出来的机会。任何时候我们都应该清楚地认识到自己的财富心理，看清金钱对于我们的真正价值。永远都应记住金钱应该是为我们服务的，而不是奴役我们灵魂的魔鬼。

淡言淡语 >>>

大千世界，纸醉金迷，欲望无处不在，陷阱亦随处可见。做人，不能被欲望迷住眼睛，傻傻地跳进欲望挖下的深坑，让人蔑视、嘲笑。

无求便是潇洒

能安于贫贱的人是有福之人。因为他们心里无财富的挂碍，所以活得潇洒。而能在富贵中保持清心寡欲的更是有福之人，因为他们心里、眼里都无财富的挂碍，所以活得幸福。

一位老居士的家中生了一个男孩，长得英俊端庄，父母非常疼爱。这孩子从小就聪明异常，和一般的小孩子完全不同。他在无忧无虑中快乐地度过了黄金般的童年。

人类往往被欲念所迷惑，在欢乐的日子里，想不到痛苦的一面，唯有超卓的人才不至于堕落。居士家中的这个孩子，可是有高人一层的智慧。虽然他生长于安逸的环境中，但仍能了解人生的痛苦和罪恶。因此，他在成年以后，就辞亲出家当比丘。

有一次，他教化回来在森林里遇到一队商人，他们到外乡经商路过此地。当时已是傍晚，太阳西下，商人们扎营住宿。比丘看到这些商人

第四辑 欲望沟壑难填，何苦为它癫狂

117

以及大小的车辆载着大量货物，并不关心，只管在离商队营帐不远的地方徘徊踱步。

这时从森林的另一端来了很多山贼。他们打听到有商队经过，就想乘夜幕降临以后劫掠财物。但当他们靠近商队营帐的时候，却发现有人在营外漫步。山贼怕商队有备，所以想等大家都睡熟再动手，然而营帐外巡逻的那个人，通宵不入营帐休息。天已渐亮了，山贼见无机可乘，只得气愤地大骂而走。

正在睡觉的商人，忽然听到外面的吵闹声跑出来看，只见一大队的山贼手执铁锤木棍往山上跑去。营帐外有一位比丘站在那儿。商人惊恐地走上前去问道：

"大师！您见到山贼了吗？"

"是的，我早就看到了，他们昨晚就来了。"比丘回答说。

"大师！"商人又问道，"那么多的山贼，您怎么不怕？独自一个人，怎能敌得过他们呢？"

比丘心平气和地说道："各位！见山贼而害怕的是有钱人。我是一个出家人，身无分文，我怕什么？贼所要的是钱财宝贝，我既然没有一样值钱的东西，无论住在深山或茂林里，都不会起恐惧心。"

比丘的话使众商人醒悟，他们认识到自己的凡俗，对不实在的金钱，大家肯舍命去取得，而对真实自由自在的平安生活，反而视若无睹。他们决心跟着这位比丘出家修行。从此，他们体会到这个世间苦空的意义——把无常的钱财带在身边，那实际上是一种拖累。

中国有句古话叫做：人生有三宝，妻丑、薄地、破棉袄。艰难困苦是人生的一笔财富，它可以化无形为有形，并告诫你时刻保持冷静、清醒，正确对待有形的财富。

香港富豪徐展堂出身名门望族，幼年生活可说优裕富贵。但上天似乎有意要考验他。他13岁时，父亲生意失败，不久又染上肺痨去世。年幼的徐展堂一下子从蜜罐掉进了苦海。当时，徐展堂刚读完小学，无奈只好放弃升学，出来"捞世界"谋生，提起幼年时没有更多读书机会，徐展堂至今还感到遗憾。

年仅13岁的徐展堂不得不涉足社会，面对人生。他曾从事过多种低微的职业，如银行信差、卖"云吞面"、为商店翻新旧招牌、安排看更等。从十几岁至二十几岁，是他一生中最为艰苦搏命的时间。

艰苦的经历，不仅没有消磨他的意志，反而激发了他的斗志。他不甘心久居人下，白天工作，晚间则上夜校进修，学习英语，大量阅读历史书籍和名人传记，从中汲取思想养分。

就这样，他终于成长为香港传媒界的新星。

无财也是一种福气，能很好地利用财富的人同样享有这种福气，断掉各种贪欲，并非是说让人变得无情无欲，而是说要消除人的不合理的过分的有碍身心健康的欲望，从而完善人生，使人生更加幸福。

淡言淡语 >>>

生活固然平淡，但只要你足够乐观，只要你知足，同样每天都可以过得很充实，很富有乐趣！

幸福的甜甜圈

若名利充盈于心，试问何处盛装快乐？若整日尔虞我诈，试问有何快乐可言？若患得患失，阴霾不开，试问快乐又在哪里？若心胸狭隘，不懂释然，试问快乐何处寻找？

第四辑 欲望沟壑难填，何苦为它癫狂

一日，无悔禅师正在院子里锄草，迎面走来三位信徒，向他施礼，说道："人们都说佛教能够解除人生的痛苦，可是我们信佛这么多年，却并不觉得快乐，这是怎么回事呢？"

无悔禅师放下锄头，安详地看着他们说："想快乐并不难，首先要弄明白为什么活着！"

三位信徒你看看我，我看看你，都没料到无悔禅师会向他们提出这样的问题。

过了片刻，甲说："人总不能死吧！死亡太可怕了，所以人要活着。"

乙说："我现在拼命地劳动，就是为了老的时候能够享受到粮食满仓、子孙满堂的天伦之乐。"

丙说："我可没你那么高的奢望。我必须活着，否则我一家老小靠谁养活呢？"

无悔禅师笑着说："怪不得你们得不到快乐，原来你们想到的只是死亡、年老、被迫劳动，而不是理想、信念和责任。没有理想、信念和责任的生活当然是很疲劳、很累的，不会觉得幸福，当然也不会觉得快乐了。"

信徒们不以为然地说："理想、信念和责任，说说倒是很容易，但总不能当饭吃吧！"

无悔禅师说："那你们说，有了什么才能快乐呢？"

甲说："有了名誉就有了一切，我就会觉得很快乐。"

乙说："我觉得有了爱情，才会有快乐。"

丙说："金钱才是最重要的，有了它我就什么都不愁了。"

无悔禅师说："那我提个问题：为什么有人有了名誉却很烦恼，有了爱情却很痛苦，有了金钱却更忧虑呢？"信徒们无言以对。

无悔禅师接着说："理想、信念和责任并不是空洞的，而是体现在人们每时每刻的生活中。必须改变对生活的观念、态度，生活本身才能有所变化。说到底，快乐是要靠我们自己去寻找的。"

听完无悔禅师的话，三位信徒从此明白了快乐之道。

其实，快乐与不快乐完全取决于我们对于生活和人生的态度。有一则小幽默说，同样一个甜甜圈，在有些人眼中，因为它是甜甜圈，所以会觉得可口，所以感觉很开心；而在另外一些人眼中，因为它中间缺了一个洞，就会觉得遗憾而变得不开心。所以，快乐不快乐完全是由我们自己决定的，而真正的快乐是从心底流出的。

据说，终南山出产一种快乐藤。凡是得到此藤的人，一定会喜形于色，笑逐颜开，不知道烦恼为何物。曾经有一个人，为了得到无尽的快乐，不惜跋山涉水，去寻找这种藤。他历尽千辛万苦，终于来到了终南山。可是，他虽然得到了这种藤，可仍然觉得不快乐。

这天晚上，他到山下的一位老人家里借宿，面对皎洁的月光，不由地长吁短叹。

他问老人："为什么我已经得到了快乐藤，却仍然不快乐呢？"

老人一听乐了，说："其实，快乐藤并非终南山才有，而是人人心中都有，只要你心里充满欢乐，无论天涯海角，都能够得到快乐。心就是快乐的根。"

这人恍然大悟。

人生一世，草木一秋，能够快快乐乐地活一生，是每个人心中的梦想。但是怎样才能求得快乐呢？那就是要清醒地知道快乐之道的根本在我们自己心中。

人的心灵是最富足的，也是最贫乏的。不同的人之所以对生活的苦乐有着不同的感受是因为心灵的富足和贫乏，而绝不是任何外物的客观影响。内心的快乐才是快乐之道。

淡言淡语 >>>

有些时候，剥夺人生快乐的与其说是兵戎相见，不如说是物欲圈套；耗尽我们生命的与其说是穷困的折磨，不如说是琐碎的诱惑。要想人生轻松快乐，就应该抑制住自己的过多欲求，抵挡住欲望的诱惑。

第五辑
不是每支恋曲,都有美好回忆

爱情是由两个人共同来描绘的,是两个完全平等的、有独立人格的人。为了爱情,你需要付出、需要努力,但并不是说,只要你付出了、你努力了,就一定会有结果,因为另一个人,并不受你的控制。

所以,无论你爱得有多深,付出的有多么多,如果另一个人执意要离开你,那么请你尊重他(她)的选择。

你应该意识到,你有一双自由的翅膀,完全可以飞离一朵已经枯萎的花。

有缘未必有分

爱情中，聚聚散散、离离合合是一件很正常的事，一如四季交替，阴晴雨雪。一段爱情，未必就是一个完整的故事，故事发生了也未必就会有一个完美的结局。对于爱情，我们不要将它视为不变的约定，曾经的海誓山盟谁又能保证它不会成为昔日的风景？

爱情全凭缘分，缘来缘去，不一定需要追究谁对谁错，爱与不爱又有谁能够说得清楚？当爱来时，我们只管尽情去爱，当爱走时，就潇洒地挥一挥手吧！人生短短数十载，命运把握在自己手中，没必要在乎得与失、拥有与放弃、热恋与分离。失恋之后，如果能把诅咒与怨恨都放下，就会懂得真正的爱。

从前有个书生，和未婚妻约定在某年某月某日结婚。然而到了那一天，未婚妻却嫁给了别人。书生大受打击，从此一病不起。家人用尽各种办法都无能为力，眼看即将不久于人世。这时，一位游方僧人路过此地，得知情况以后，遂决定点化一下他。僧人来到书生床前，从怀中摸出一面镜子叫书生看。

镜中是这样一幅景像：茫茫大海边，一名遇害女子一丝不挂地躺在海滩上。有一人路过，只是看了一眼，摇摇头，便走了……又一人路过，将外衣脱下，盖在女尸身上，也走了……第三人路过，他走上前去，挖了个坑，小心翼翼地将尸体掩埋了……疑惑间，面画切换，书生看到自己的未婚妻——洞房花烛夜，她正被丈夫掀起盖头……书生不明所以。

僧人解释道："那具海滩上的女尸就是你未婚妻的前世。你是第二个路过的人，曾给过她一件衣服。她今生和你相恋，只为还你一个情。但是她最终要报答一生一世的人，是最后那个把她掩埋的人，那人就是她现在的丈夫。"

书生大悟，瞬息从床上坐起，病愈！

是你的就是你的，不是你的就不要强求，过分的执著伤人且又伤己。

倘若我们将人生比做一棵枝繁叶茂的大树，那么爱情仅仅是树上的一粒果子，爱情受到了挫折、遭受到了一次失败，并不等于人生奋斗全部失败。世界上有很多在爱情生活方面不幸的人，却成了千古不朽的伟人。因此，对失恋者来说，对待爱情要学会放弃，毕竟一段过去不能代表永远，一次爱情不能代表永生。

其实，若是你没有能力给她（他）幸福，那么放手于你于她（他）而言，或许才是最好的选择；若是她（他）爱慕虚荣，因名、因利离你而去，你是不是更该感到庆幸呢？

聚散随缘，去除执著心，让一切恩怨在岁月的流逝中淡去。那些深刻的记忆终会被时间的脚步踏平，过去的就让它过去好了，未来的才是我们该企盼的。

缘聚缘散总无强求之理。世间人，分分合合，合合分分谁能预料？该走的还是会走，该留的还是会留。一切随缘吧！

淡言淡语 >>>

缘分这东西冥冥中自有注定，不要执著于此，进而伤害自己。但无论什么时候，我们都不要绝望，不要放弃自己对真、善、美的爱情追求。

有些人你永远不必等

错了的，永远对不了。不该拥有的，得到了也不会带给你快乐。

从前，有一座圆音寺，每天都有许多人上香拜佛，香火很旺。在圆音寺庙前的横梁上有个蜘蛛结了张网，由于每天都受到香火和虔诚的祭拜的熏陶，蜘蛛便有了佛性。经过了一千多年的修炼，蜘蛛佛性增加了不少。

忽然有一天，佛主光临了圆音寺，看见这里香火甚旺，十分高兴。离开寺庙的时候，不经意间抬头看见了横梁上的蜘蛛。佛主停下来，问这只蜘蛛："你我相见总算是有缘，我来问你个问题，看你修炼了这一千多年来，有什么真知灼见。怎么样？"蜘蛛遇见佛主很是高兴，连忙答应了。佛主问道："世间什么才是最珍贵的？"蜘蛛想了想，回答道："世间最珍贵的是'得不到'和'已失去'。"佛主点了点头，离开了。

就这样又过了一千年的光景，蜘蛛依旧在圆音寺的横梁上修炼，它的佛性大增。一日，佛主又来到寺前，对蜘蛛说道："你可还好，一千年前的那个问题，你可有什么更深的认识吗？"蜘蛛说："我觉得世间最珍贵的是'得不到'和'已失去'。"佛主说："你再好好想想，我会再来找你的。"

又过了一千年，有一天，刮起了大风，风将一滴甘露吹到了蜘蛛网上。蜘蛛望着甘露，见它晶莹透亮，很漂亮，顿生喜爱之意。蜘蛛每天看着甘露很开心，它觉得这是三千年来最开心的几天。突然，又刮起了一阵大风，将甘露吹走了。蜘蛛一下子觉得失去了什么，感到很寂寞和难过。这时佛主又来了，问蜘蛛："蜘蛛，这一千年，你可好好想过这个问题：世间什么才是最珍贵的？"蜘蛛想到了甘露，对佛主说："世间最珍贵的是'得不到'和'已失去'。"

佛主说："好，既然你有这样的认识，我让你到人间走一遭吧。"

就这样，蜘蛛投胎到了一个官宦家庭，成了一个富家小姐，父母为她取了个名字叫蛛儿。一晃，蛛儿到了16岁，已经成了个婀娜多姿的少女，长得十分漂亮，楚楚动人。

这一日，新科状元郎甘鹿中第，皇帝决定在御花园为他举行庆功宴席。来了许多妙龄少女，包括蛛儿，还有皇帝的小公主长风公主。状元郎在席间表演诗词歌赋，大献才艺，在场的少女无一不为他倾倒。但蛛儿一点也不紧张和吃醋，因为她知道，这是佛主赐予她的姻缘。过了些日子，说来很巧，蛛儿陪同母亲上香拜佛的时候，正好甘鹿也陪同母亲而来。上完香拜过佛，二位长者在一边说上了话。蛛儿和甘鹿便来到走廊上聊天，蛛儿很开心，终于可以和喜欢的人在一起了，但是甘鹿并没有表现出对她的喜爱。蛛儿对甘鹿说："你难道不曾记得16年前，圆音寺的蜘蛛网上的事情了吗？"甘鹿很诧异，说："蛛儿姑娘，你漂亮，也很讨人喜欢，但你想象力未免丰富了一点吧。"说罢，和母亲离开了。

蛛儿回到家，心想，佛主既然安排了这场姻缘，为何不让他记得那件事？甘鹿为何对我没有一点感觉？

几天后，皇帝下诏，命新科状元甘鹿和长风公主完婚，蛛儿和太子芝草完婚。这一消息对蛛儿如同晴空霹雳，她怎么也想不通，佛主竟然这样对她。几日来，她不吃不喝，穷究极思，灵魂就将出壳，生命危在旦夕。太子芝草知道了，急忙赶来，扑倒在床边，对奄奄一息的蛛儿说道："那日，在御花园众姑娘中，我对你一见钟情，我苦求父皇，他才答应。如果你死了，那么我也就不活了。"说着就拿起了宝剑准备自刎。

就在这时，佛主来了，他对快要出壳的蛛儿灵魂说："蜘蛛，你可曾想过，甘露（甘鹿）是由谁带到你这里来的呢？是风（长风公主）带来的，最后也是风将它带走的。甘鹿是属于长风公主的，他不过是你

第五辑 不是每支恋曲，都有美好回忆

生命中的一段插曲。而太子芝草是当年圆音寺门前的一棵小草，他看了你三千年，爱慕了你三千年，但你却从没有低下头看过它。蜘蛛，我再来问你，世间什么才是最珍贵的？"蜘蛛听了这些真相之后，好像一下子大彻大悟了，她对佛主说："世间最珍贵的不是'得不到'和'已失去'，而是现在能把握的幸福。"刚说完，佛主就离开了，蛛儿的灵魂也归位了，睁开眼睛，看到正要自刎的太子芝草，她马上打落宝剑，和太子紧紧地抱在一起……

错位的感情即使得到了也不会幸福。所以，任何人在选择自己的爱人时都应该仔细想想，不要苛求那份本不该属于你的感情。现实是残酷的，一旦让感情错位，你所得到的结果就只会是苦涩。

王燕大学毕业后不久就与男朋友文华同居了，可是令她没有想到的是，文华竟背着她跟在法国留学的前任女友藕断丝连。后来在前女友的帮助下，文华很快就办好了去法国留学的签证，这时一直蒙在鼓里的王燕才知道事情的真相，就在她还未来得及悲伤的时候，文华已经坐上飞机远走高飞了。没有了文华，王燕也就没有了终成眷属的期待，她决心化悲痛为力量，将业余时间都用在学习上，准备报考研究生，她想充实自己，也想在美丽的校园里让自己洁净身心。

可是就在这时她发现，她怀上了文华的孩子，唯一的办法是不为人知地去做人工流产，而她的家乡并不在这里，她实在找不到可以托付的医院或朋友。

她的忧郁不安被上司肖科长发现了，一天，下班后办公室里只剩下王燕一个人时，肖科长走了进来，他盯着她看了好半天，突然问起了她的个人生活。这一段时日的忧郁不安使王燕经不起一句关切的问候，她不由得含着眼泪将自己的故事和盘托出。第二天肖科长便带她到一家医院，使她顺利做完了手术，又叫了一辆出租车送她回到宿舍，并为她买了许多营养品。

从那以后，她和肖科长之间仿佛有了一种默契，既已让他分担了她人生中最隐秘的故事，她不由自主地将他看作她最亲密的人了。有一天，她在路上偶然遇到肖科长和他爱人，当时正巧碰上他爱人正在大发脾气，肖科长脸色灰白，一声不吭，他见到王燕后，满脸尴尬。

第二天，肖科长与她谈到他的妻子，说她是一家合资企业的技术工人，文化不高收入却不低，在家中总是颐指气使，而且在同事和朋友面前也不给他留面子，他做男人的自尊已丧失殆尽。说着说着，他突然握住她的手，狂热地说："我真地爱你。"她了解他的无奈和苦恼，也感激他对她的关心和帮助，虽然明知他是有妇之夫，但还是身不由己地陷了进去。

不知是出于爱的心理还是知恩图报，反正她从此成了他的情人，他对她说的最多的一句话就是："我是真地喜欢你，你放心，我很快就会办离婚。"可是从来不见他开始行动，她心里明白，他不可能离开老婆孩子，但只要他真心爱她，她可以等待。

他们经常在办公室里幽会，时间一晃就是两年，她无怨无悔地等了他两年。一天晚上，当肖科长正亲吻她时，办公室的门突然被撞开了，单位里另一个科室的陶科长一声不吭地在门口站了一会儿，一言不发就走开了。肖科长顿时脸色惨白，原来，陶科长正在与他争夺副局长一职，可见他处心积虑地窥探他们已有多时。肖科长惊慌失措，仓皇地离她而去。她预料到会有事情发生，果然，他捷足先登，到上级那里交待，他痛心疾首地说自己一时糊涂，没能抵挡住她投怀送抱的诱惑。

她气愤至极，赶到他家里要讨个说法，她毕竟涉世未深，她还是个女孩子，他爱人不明就里，把她让到书房，不一会儿，她看到肖科长扛着一袋大米回来了，一进门就肉麻地叫着他爱人的小名，分明是一位体贴又忠诚的丈夫。然后直奔厨房，系起了围裙，等他爱人好不容易有空告诉他有客人来了时，他甩着两只油手，出现在书房门口，一见是她，大张着嘴半天说不出一句话。

刹那间，她的心泪雨滂沱，为自己那份圣洁的感情又遭践踏，也为自己真心错许眼前这个虚伪软弱的男人，所有的话都没有必要再说，她昂首走出了房门。

自尊心很强的她带着一身的创伤，辞职离开了这个给了她太多伤心的城市，从此开始了漂泊的生活。

从古至今，无数的女人在等待中度日如年，憔悴红颜。女人执著地等待，是以为自己没有错，以为心诚能使铁树开花。然而在男女的特定关系中，最难用是非对错来衡量，更多的却是心智、策略和手段的较量与契合，有时等待是合理的，有时等待就是一种浪费，比如爱上有夫之妇或者有妇之夫，这样的等待，时间越长，伤害就越大。在婚外恋中，当事人并非不知什么是应该做的，什么是不应该做的，其实他们心中是雪亮的，只是有时是身不由己，有时是故意与自己过不去。

淡言淡语 >>>

在对的时间遇到对的人，得到的将是一生的幸福；在错误的时间里遇到错误的人，换回的可能就是一段心伤。在感情的故事里，有些人你永远不必等，因为等到最后受伤的只会是自己。

看淡爱的流逝

爱情是变化的，任凭再牢固的爱情，也不会静如止水，爱情不是人生中一个凝固的点，而是一条流动的河。

卓然和陈月，是华南某名牌大学的高材生。他们俩既是同班同学，又是同乡，所以很自然地成了形影不离的一对恋人。

一天卓然对陈月说："你像仲夏夜的月亮，照耀着我梦幻般的诗意，使我有如置身天堂。"陈月也满怀深情地说："你像春天里的阳光，催生了我蛰伏的激情，我仿佛重获新生。"两个坠入爱河的青年人就这样沉浸在爱的海洋中，并约定等卓然拿到博士学位就结成秦晋之好。

半年后，卓然负笈远洋到国外深造。多少个异乡的夜晚，他怀着尚未启封的爱情，像守着等待破土的新绿。他虔诚地苦读，并以对爱的期待时时激励着自己的锐志。几年后，卓然终于以优异的成绩获得博士学位，处于兴奋状态的他并未感到信中的陈月有些许变化，学业期满，他恨不得身长翅膀脚生云，立刻就飞到陈月身边，然而他哪里知道，昔日的女友早已和别人搭上了爱的航班。卓然找到陈月后质问她，陈月却真诚地说："我对你已无往日的情感了，难道必须延续这无望的情缘吗？如果非要延续的话，你我只能更痛苦。"卓然只好退到别人的爱情背面，默默地舔舐着自己不见刀痕的伤口。

或许我们会站在道义的立场上，为品德高尚、一诺千金的卓然表示惋惜，但我们又能就此来指责陈月什么呢？怪只能怪爱本身就具有一定的可变性。

爱过之后才知爱情本无对与错、是与非，快乐与悲伤会携手和你同行，直至你的生命结束！世上千般情，唯有爱最难说得清。

是的，只要真心爱过，分离对于每个人而言都是痛苦的。不同的是，聪明的人会透过痛苦看本质，从痛苦中挣脱出来，笑对新的生活；愚蠢的人则一直沉溺在痛苦之中，抱着回忆过日子，从此再不见笑容……

不过，千万不要憎恨你曾深爱过的人，或许他（她）还没有准备好与你牵手，或许他（她）还不够成熟，或许他（她）有你所不知道的原因。不管是什么，都别太在意，别伤了自己。你应该意识到，如此优秀的你，离开他一样可以生活的很好。你甚至应该感谢他（她），感谢他（她）让你对爱情有了进一步的了解，感谢他（她）让你在爱情面前变得更加成熟，感谢他（她）给了你一次重新选择的机会，他的离去，或许正预示着你将迎接一个更美丽的未来。

淡言淡语 >>>

爱情面前，不要轻易说放弃，但放弃了，就不要再介怀。经不起考验的爱情是不深刻的。唯有经得起考验的爱情，才值得你去珍惜，才会使你的人生更加丰富多彩。

不爱你是他（她）的损失

爱情是两个原本不同的个体相互了解、相互认知、相互磨合的过程。磨合得好，自然是恩爱一生，磨合得不好，便免不了要劳燕分飞。当一段爱情画上句号，不要因为彼此习惯而离不开，抬头看看，云彩依然那般美丽，生活依旧那般美好。其实，除了爱情，还有很多东西值得我们为之奋斗。

放下心中的纠结你会发现，原本我们以为不可失去的人，其实并不是不可失去。你今天流干了眼泪，明天自会有人来逗你欢笑。你为他（她）伤心欲绝，他（她）却可能在与新人调笑取乐，对于一个已不爱你的人，你为他（她）百般痛苦是否值得？

一个失恋的女孩在公园中哭泣。

一位老者路过，轻声问她："你怎么啦？为什么哭得这样伤心？"

女孩回答："我好难过，为何他要离我而去？"

不料老者却哈哈大笑，并说："你真笨！"

女孩非常生气："你怎么能这样，我失恋了，已经很难过，你不安慰我就算了，还骂我！"

老者回答说："傻瓜，这根本就不用难过啊，真正该难过的是他！要知道，你只是失去了一个不爱你的人，而他却是失去了一个爱他的人及爱人的能力。"

是的，离开你是他（她）的损失，你只是失去了一个不爱你的人，离开一个不爱你的人，难道你真的就活不下去吗？不，这个世界上没有谁离不开谁，离开他（她）你一样可以活得很精彩。请相信缘分，不久的将来，你一定可以找到一个比他（她）更好，更懂得珍惜你的人。爱情面前，心放宽一点，与其怀念过去，还不如好好地把握未来，要相信缘分，未来你可能会遇到比他（她）更好的，更懂得珍惜你的人！

有些事、有些人，或许只能够作为回忆，永远不能够成为将来！感情的事该放下就放下，你要不停地告诉自己——离开你，是他（她）的损失！

敏儿一直困扰在一段剪不断，理还乱的感情里出不来。

高扬的态度总是若即若离，其人也像神龙一样，见首不见尾。敏儿想打电话给他，可是又怕接的人会是他的女朋友，会因此给他造成麻烦。敏儿不想失去他，可是老是这样有时自己也会觉得很无奈，她常常问自己："我真地离不开他吗？""是的，我不能忘记他，即使只做地下的情人也好。只要能看到他，只要他还爱我就好。"她回答自己。

但是该来的还是会来。周一的下午，在咖啡屋里，他们又见面了。高扬把咖啡搅来搅去，一副心事重重的样子。敏儿一直很安静地坐在对面看着他，她的眼神很纯净。咖啡早已冰凉，可是谁都没有喝一口。

他抬起头，勉强笑了笑，问："你为什么不说话？"

"我在等你说。"敏儿淡淡地说。

"我想说对不起，我们还是分开吧。"他艰涩地说，"你知道，这次的升职对我来说很重要，而她父亲一直暗示我，只要我们近期结婚，经理的位子就是我的。所以……"

"知道了。"敏儿心里也为自己的平静感到吃惊。

他看着她的反应，先是迷惑，接着仿佛恍然大悟了，忙试着安慰说："其实，在我心里，你才是我的最爱。"

敏儿还是淡淡地笑了一下，转身离开。

一个人走在春日的阳光下，空气中到处是春天的味道，有柳树的清香，小草的芬芳。敏儿想："世界如此美好，可是我却失恋了。"这时，那一种刺痛突然在心底弥漫。敏儿有种想流泪的感觉，她仰起头，不让泪水夺眶。

走累了，敏儿坐在街心花园的长椅上。旁边有一对母女，小女孩眼睛大大的，小脸红扑扑的。她们的对话吸引了敏儿。

"妈妈，你说友情重要还是半块橡皮重要。"

"当然是友情重要了。"

"那为什么乐乐为了想要妞妞的半块橡皮，就答应她以后不再和我做好朋友了呢？"

"哦，是这样啊。难怪你最近不高兴。孩子，你应该这样想，如果她是真心和你做朋友就不会为任何东西放弃友谊，如果她会轻易放弃友谊，那这种友情也就没有什么值得珍惜的了。"母亲轻轻地说。

"孩子，知道什么样的花能引来蜜蜂和蝴蝶吗？"

"知道，是很美丽很香的花。"

"对了，人也一样，你只要加强自身的修养，又博学多才。当你像一朵很美的花时，就会吸引到很多人和你做朋友。所以，放弃你是她的损失，不是你的。"

"是啊，为了升职放弃的爱情也没有什么值得留恋的。如果我是美丽的花，放弃我是他的损失。"敏儿的心情突然开朗起来了。

若是一个人为虚荣放弃你们之间的感情，你是不是应该感到庆幸呢？很显然，这样的人不值得你去爱。

大量的事实告诉我们，对待感情不可过于执著，否则受伤害的只能是自己。

在爱情面前，没有谁是强者，一段感情的终结，受伤最深、痛苦最久的当然是被背叛者。不过，既然他（她）不懂得珍惜你，那你又何必去牵挂他（她）？做人，失去了感情，但一定要保留尊严，即便你当初爱得很深，也要干脆一点。让他（她）知道，离开他（她）你一样可以活得很好，让他（她）知道，离开你是他（她）的损失！

淡言淡语 >>>

他离开你，并不意味着你没有魅力了。你真正的魅力取决于你的生命层次。如果你的生命层次很高，即使对方离开了你，也只能说明他的生命层次很低，他不懂得欣赏你。如此看来，你虽然失去了一棵树，但很有可能会得到一片森林。

女人，不要为爱情忽略自己

人们常说一个人要拿得起，放得下，而在付诸行动时，拿得起容易，放手却很难。所谓放手，是指心理状态，也就是我们常说的要敢于放弃，就是遇到千斤重担压心头，也能把心理上的重压卸掉，使之轻松。

人活着，会有许多责任和欲望，这些东西要是拿掉了，人就会变得很轻松，如果你总是背着它们，最终有可能累死在路上。生活原本是非常纯朴、简单的，学会舍弃自己不特别需要、对人生益处不大的东西，学会放手，保持一颗简单和明朗的心，你会觉得其实生活真地很美好。

人，正因为不懂得舍弃才会有许多痛苦。当自己有了舍弃和清理自己的智慧时，就会豁然开朗，生命会马上向你展现出另外一个截然不同的景致。

茉莉因为她爱的人娶了别人而一病不起，家人用尽各种办法都无济于事，眼看她一天天地消瘦下去，家人、朋友真是看在眼里，急在心里。

后来，她的妈妈便带她去看了心理医生。心理医生很快便找到了病情的症结，于是耐心开导她说："其实喜欢一个人，并不一定要和他在一起，虽然有人常说'不在乎天长地久，只在乎曾经拥有'，但是并不是所有拥有的人都感觉到快乐。喜欢一个人，最重要的是让他快乐，如果你和他在一起他不快乐，那么就勇敢地放手吧！"

的确如此，喜欢一个人，就要让他快乐、让他幸福，使那份感情更诚挚。在心理医生的耐心开导下，茉莉变得开朗了，也不再郁郁寡欢，而她的病也一下子就好了。

有些女孩常如此抱怨："我很爱我的男朋友，为了他我愿意放弃任何东西，他喜欢的我都会去做，他不喜欢的我就不去做。我对他简直是好得不能再好，可他不是很爱我。我也觉得这样太没自我了，可是我真地无法想象离开他的日子，觉得我会死的，我想总有一天他也会很爱我的。"

这就是女人，常常为了爱情而把自己完全忽略。

女人的天空原本是明丽湛蓝的，不应该生活在泪雨纷飞和愤怒失衡的心态下，更不能放弃自尊，放弃了自尊的女人就等于自掘坟墓！不要为男人而活，要为自己而活，要活出价值来，活出被别人需要的自豪感！全国妇联把自尊、自信、自立、自强作为新女性的标准，实质就是号召女性要在不断地自我完善中发展自己，追求幸福。"四自"精神不仅是女性实现自我价值的需要，也是维护美满婚姻的法宝。所以，不断完善自我应是女人一生的功课！

对于很多女人来说，一旦遇到了某个心仪的男人，她往往会在自己生活中某些相对次要的事情上做出让步，时间一长，就迷失了自我。所以女人还是要有自己的思想和生活空间，坚持自我，这样你才不至于过别人的人生。

董燕是某集团公司的行政主管，曾经的她就是一个拿得起放不下的女人。每一次悄悄地告别，告别故土、告别亲人，或是告别自己熟悉的一片风景，都会生出无尽的伤感。更让人担忧的是，她无法从那种无尽的伤感里走出来，更做不到潇洒地放弃，然后在新的时空内坦然地接受一个新的开始。

后来在朋友及家人的开导和鼓励下，她终于明白了原来握在手里的并不一定就是真正拥有的，所拥有的也不一定就是真正刻骨铭心的。人生有很多的时候，需要一种宁静的呵护和坦然的放弃，只有这样，才会获得更多的快乐。现在的她再也不是过去的她了，而是一个精明干练的行政主管。

电影里有一句很经典的话：当你紧握双手，里面什么也没有；当你打开双手，世界就在你手中。紧握双手，肯定是什么也没有，打开双手，至少还有希望。很多时候，我们都应该懂得放弃，放弃才会使自己身心愉快，才会使自己获得快乐！

　　在生活中，我们应该学会放手，而不要一味地索取。懂得放手才会轻松快乐，背着包袱走路总是很累的。

　　有的时候走错了路，如果你毫无意识地继续走下去，那么你将会离目标越来越远，这个时候能够停下来就是进步。有心计的女人永远不会让自己的人生扑朔迷离。

淡言淡语 >>>

　　渴望的太多，反而会生出许多的烦恼。其实，生活并不需要这些无谓的执著，没有什么绝对割舍不了的，在生命里，也没有什么失去了就活不了的，爱情亦如此。你要想生活得轻松，就得学会放弃，拿得起，放得下，才能不为执著所苦。因为有选择就有放弃，学会放弃有时是一种解脱，是一种智慧。

还有更适合你的人

　　人生最怕失去的不是已经拥有的东西，而是失去对未来的希望。爱情如果只是一个过程，那么失恋正是人生应当经历的，如果要承担结果，谁也不愿意把悲痛留给自己。记住：下一个他（她）更适合你。

　　有一个女孩，一向保守，但由于一时冲动，和男朋友有了婚前性行为。之后，她恼怒、悔恨，却也安慰自己："没关系，他是爱我的！"

　　后来，男友对她实在是不好，她天天找人诉苦，却又不离开他。朋友劝她："别再傻了，快些离开他吧！别再和自己过不去。"

　　现在，她仍和她的男朋友在一起，偶尔流着眼泪诉苦，偶尔安慰自己："他总会知道我是真心对他好的！"也许，女孩想要的只是自我安慰而已。她很会劝别人分手，最爱讲的便是："别傻了，快离开那个男人，别再白白受苦。"这么会劝别人的人，最后却劝不了自己，终究也只能令自己受苦。

为什么有些人失恋时，悲痛欲绝，甚至踏上自毁之路？为什么有些恋人在遭遇挫折，不能长相厮守时，会有双双殉情自杀的行为呢？

爱情对于某些人来说，是生命的一部分，是一种人生的经验，有顺境有逆境，有欢笑有悲哀。所以，当和喜欢的人相爱时，会觉得快乐，觉得幸福。当分手时，或者遇上障碍时，会自我安慰："这是人生难免，合久必分，也许前面有更好、更适合我的人哩！"于是他们会勇敢地、冷静地处理自己伤心失落的情绪，重新发展另一段感情。

而另一些人，会觉得一生里最爱的就是这个人，不相信世界上有更完美、更值得他们去爱的人。所以当这段恋情变化时，就会失去所有的希望，也对自己的自信心和运气产生怀疑。这段关系遭受外界的阻力，就等于"天亡我也"。如此，他们就会变得消极，产生比较极端的想法，极有可能会选择自杀的道路。

其实，现实人生里，没有人会像电影小说、流行歌曲所形容的那样幸福地可以恋爱一次就成功，永远不分开的。大多数人都是经历过无数的失败挫折才最终找到一个可长相厮守的人。

所以当你失恋时，当你们不可能永远在一起时，你应该告诉自己："还有下一次，何必去计较呢？"无论你这次跌得多痛，也要鼓励自己，坚强起来，重拾那破碎的心，去等待你的"下一次"。人生是个漫长的旅程，在这个旅程中，人们大都要经历若干级人生阶梯。这种人生阶梯的更换不只是职业的变换或年龄的递进，更重要的是自身价值及其价值观念的变化。在"又升高了一级"的人生阶梯上，人们也许会以一种全新的观念来看待生活、选择生活，并用全新的审美观念来判断爱情，因为他们对爱情的感受已然完全不同了。

虽然更换钟情对象有时是可以理解的，但是，这种选择给人们带来的痛苦也是显而易见的。因而女人应该尽可能在较成熟的阶梯上做一次新的选择。那种小小年纪便将自己缚在某一个男人身上的做法，显然是不可取的。所以，有一天当失恋的痛苦降临到我们身上时，也不必以为整个世界都变得灰暗，理智的做法应是给对方一些宽容，给自己一点心灵的缓冲，及时进行调整，以新的姿态迎接明天。

淡言淡语

经历了许多的人、许多的事，历尽沧桑之后，你就会明白：这个世界上，没有什么是不可以改变的。美好、快乐的事情会改变，痛苦、烦恼的事情也会改变，曾经以为不可改变的，许多年后，你就会发现，其实很多事情都改变了。而改变最多的，竟是自己。不变的，只是小孩子美好天真的愿望罢了！所以当一份感情不再属于你的时候，就果断地放弃它，然后乐观等待你的下一次！

挽救你的爱情

当婚姻遭遇危机，不同的人会做出不同的反应。我们看到，一些脆弱的人或是出于对家庭、对子女的考虑，选择委曲求全默默忍受爱人的背叛，或是忍着剧痛离开，沉浸在昔日的回忆之中久久不能自拔；一些人貌似刚烈，不依不饶，将彼此都折磨得筋疲力尽，到头来却依然未能改变事情的走向；一些人较为洒脱，能够潇洒地说"拜拜"，而且也能够很快投入到新的生活之中；另有一些人，若是放手也就放了，若是觉得还有爱，还不能分开，便会启动自己的全部智慧，巧妙地与第三者周旋，直至夺回自己的爱人。

想当年，出身书香门第、豪门贵族的卓文君不顾父亲卓王孙的反对，放下锦衣玉食的日子不过，夜奔司马相如，二人隐于市井，结庐沽酒，百般恩爱。

后来司马相如赴长安考试，官运亨通，被拜为中郎将。他从此迷恋上长安的莺歌燕舞，雪月风花，逐渐开始喜新厌旧，忘记了离家时对妻子卓文君立下的誓言。五年过去了，他才给妻子写了一封信。

卓文君怀着又惊又喜的心情拆开丈夫的来信，只见纸上写着"一二三四五六七八九十百千万"十三个数目字。聪明的卓文君察觉到丈夫有弃她再娶的念头，这是变着法刁难自己呀！她当即巧妙地将丈夫所写的数目字，先顺后倒地连成这样的诗句：

一别之后，二地相悬。只说三四月，谁知五六年。七弦琴无心弹，八行字无可传，九连环从中折断，十里长亭望眼欲穿。百思想、千系念，万般无奈把郎怨。

万语千言道不完，百无聊赖十倚栏。重九登高看孤雁，八月中秋月圆人不圆。七月半秉烛烧香问苍天，六月伏天人人摇扇我心寒，五月石榴似火偏遇阵阵冷雨浇花端，四月枇杷未黄我欲对镜心意乱。忽匆匆，三月桃花随水转；飘零零，二月风筝线儿断。噫！郎啊郎，巴不得下一世你为女来我为男。

司马相如读完信后，深感内疚，觉得实在对不起贤惠的妻子，终于高车驷马，亲自回家乡接卓文君到长安。

时下，有几人能够保证自己的婚姻不受到丝毫"污染"？当你的爱人受不住诱惑，另结新欢之时，你是否能够选择宽容，以积极的态度牵引他（她）走出歧途？当然，前提是我们还爱着他（她），还爱着这个家，愿意再给他（她）一次机会。

淡言淡语 >>>

事情既然已发生，就不要冲动，我们有必要让自己先冷静下来，问问你的心。如果它还有爱，如果它实在舍不得，不想就此放弃，那就调动你的智慧，将爱人从别人手里抢回来。

第六辑
家事清官难断，柔忍常怀心中

幸福的生活需要理解来支撑。一个家庭中，倘若人人都不懂得理解，都不能容他人说话，口不择言，每事必争，那么必然会吵得天翻地覆，一片狼藉。请记住，幸福需要一家人用心去经营，话要三思而言，事要三思而行，多一些包容，多一些克制，多一些迁就，才能弹奏出和谐的乐章。

正视婚姻，对家庭负责

在这个世界上，客观的诱惑总是存在的，盲目逃避显然是一种胆怯，频繁追求则是一种放纵。对于爱，我们必须拥有一个正确的心态，要正视自己的婚姻，对自己及家人负责。

现实生活中我们会在毫无征兆的情况下经受婚姻外诱惑的考验。我们彼此深爱着对方，但却有位新的异性吸引了我们的目光。这种吸引是否正常？是否道德？应该说，这种吸引是正常人的正常反应。吸引毕竟只是一种心理上的反应，它使我们产生了一种对美好事物追求的幻想。但千万不能随便把这种幻想当成可以达到的目标而不顾一切地追求，这种追求是盲目的不负责任的，尤其在婚姻感情方面，因为一时情绪冲动做出有违社会道德的事，是非常愚蠢的。结婚是一种事实，但是它不会使我们深藏的人性完全隐匿起来，对于美的追求，对于刺激的向往都是时常可能发生的事情。例如，很多人会因为看到自己喜欢的电影、喜欢的明星而感到兴奋，但是大多数人绝对不会为享受这种情欲的幻想而毁了自己幸福的婚姻。

世间流传着这样一个传说，即在很早以前男女是合体的，但是由于某种原因触犯了上天的神灵，被天雷劈成了两半。所以人的一生都在寻找他（她）的另一半，尽管路途遥远而艰辛，尽管有的人找到了，有的人没有找到。而电影和电视剧也常顺着这个思路不断地重复相同的情节：有个特别的人在这个世界上的某个地方正在等着自己，当我们遇到这个冥冥之中注定要和我们在一起的人时，毕生的幸福就会降临在自己身上。当我们和这个人结合在一起的时候，我们不仅彼此深爱着对方，而且会忘了别人的存在，无视别人的魅力。

　　这是一个多么幼稚的想法和逻辑啊！一个英俊潇洒的男士或多或少会在我们心中激起一丝异样的感觉，一个青春靓丽、气质不凡的女人，多少会在我们心中激起一丝涟漪。只是我们是有理性的动物，应该考虑自己的责任和做人的原则，不应像飞蛾扑火一样，为了一时的冲动，就可以做出不计后果的事来。你可以"恨不相逢未嫁时"，留下一份美丽的遗憾，恢复你正常的生活；你可以把他当做偶尔投影在你心波的云彩，珍藏那一美丽的瞬间，潇洒地挥手走人。当然，你也有权利重新选择，进行家庭的重新组合。你确信现在的爱人不值得你去厮守，你是否应抛开一切去找寻你的幸福？

淡言淡语 >>>

　　当另外一个吸引人的异性出现，你会不会再重新选择？即使你想清楚了，做出这样一种决定，也一定要正大光明地讲出来，万不可苟且行事，否则你的结局一定非常惨淡。

爱在细节中绽放

　　"前世修来同船渡，百世修来共枕眠"。有人认为婚姻是两个人的缘分，三生石上早已印上点点痕迹。所以不必在茫茫人海中寻她千百度，只要静心等待。此话有道理，但是，这种爱的机遇毕竟是少数的，你痴心相候，爱神却总是姗姗来迟，到头来，只落得一场欢喜一场空。世间一切事，一半靠机遇，一半靠努力。幸运女神总是垂青于努力追求她的人，爱神也是如此。

立伟当初追求女朋友的时候，可怜之极，他是一个才出校门的学生，囊中十分羞涩，手里没有多少钱。正遇上情人节，为了向对方表明心迹，他拿着仅有的几十块钱，在超市买了两个杯子和一瓶红酒，超市那天赠送红玫瑰一枝，虽然送的这枝玫瑰也不够新鲜，可它也算是一枝玫瑰啊，情人节的必备品。

拿回这枝有些干枯的玫瑰，立伟把它放在桶里养起来。还不是他女朋友的柳小姐回来后看到这枝可怜的玫瑰，立刻被立伟打动了，没钱的立伟有的只是一颗真心而已。

多年以后，柳小姐仍会对立伟提起，她当初就是感动于这一枝赠品的花，她说："钱不是不重要，但没钱的时候都能知道女人的虚荣，说明这样的男人是很细心和值得依赖的。"于是，立伟每次送花给柳小姐的时候，还是只有一枝。

爱情是人类生活永恒的主题。爱是美丽的诗篇，爱是甜美的甘泉，人生在世，茫茫红尘，谁又能抵御爱的魅力呢？人活一世，不过百年，何不真心真意爱一回呢？爱得无憾、无怨、无悔，爱得死去活来，千转百回，爱得畅快淋漓，轰轰烈烈。

生活中不是缺少爱，而是缺少爱的发现。爱的出现和长久，需要用爱的艺术来发掘和维持。因此我们在追求爱的同时，别忘了研究一下爱的艺术。

女孩和他青梅竹马，相识二十年，相恋八载，她应该顺理成章地成为他的妻子。但女孩一直不甘心，她总觉得两人相处时间太长了，从无话不说到无话可说，没有女孩所渴望的浪漫与激情。在女孩的记忆中，他一直不曾对她温柔地说过："我爱你。"

直到有一天，他郑重地对她说："八年抗战还有胜利的日子，我们该结婚了。"女孩找不出拒绝的理由，但也找不到立即应允的感觉。女孩说要考虑一下，她想让他给她答应的理由。他竟点点头，没有表示任何异议。

两人一起上街，并肩走着。到了一个拐角处，街道忽然变窄，本来在他右边的女孩轻巧地向前一跳，跑到了他的前面，走在他的左边。他忽然慌了，急忙跑步赶上，将女孩拉到右边，说了声"危险"。一辆大卡车就在此时呼啸而过。

并没有惊天动地的事情发生，卡车将地上的泥水甩了他一身。他仍在嗔怪女孩："不是告诉过你，走路要在我的右边，为什么不听？"这只是一瞬间，女孩却感到超过一生的感动和幸福。

可以看出，他一直对她呵护有加，即使走路时也要将她放在右边的内侧，他用他的身体为她遮挡左边外侧的人流及一切。在爱的历程中，最真最美最让我们感念一生的往往是那些不经意地渗入我们生命中的细节，而无心的一举一动其实包含了许许多多心与心的共鸣以及爱与爱的默契。

淡言淡语 >>>

爱不一定都要轰轰烈烈，爱未必都是激情四射，其实看似平淡的爱情中，往往蕴含着浓浓深情。

爱不需要太多虚华

爱是什么？它就是平凡的生活中，不时溢出的那一缕缕幽香。

那年情人节，公司的门突然被推开，紧接着两个女孩抬着满满一篮红玫瑰走了进来。

"请欣欣小姐签收一下。"其中一个女孩礼貌地说道。

办公室的同事们都看傻眼了，那可是满满一篮红玫瑰，这位仁兄还真舍得花钱。正在大家发怔之际，文文打开了花篮上的录音贺卡："欣欣，愿我们的爱情如玫瑰一般绚丽夺目、地久天长——深爱你的峰。"

"哇塞！太幸福了！"办公室开始嘈杂起来，年轻女孩子都围着欣欣调侃，眼中露出难以掩饰的羡慕光芒。

年过30的女主管看着这群丫头微笑着，眼前的景象不禁让她想起了自己的恋爱时光。

老公为人有些木讷，似乎并不懂得浪漫为何物，她和他恋爱的第一个情人节，别说满满一篮红玫瑰，他甚至连一枝都没有买。更可气的是，他竟然送了她一把花伞，要知道"伞"可代表着"散"的意思。她生气，索性不理他，他却很认真地表白："我之所以送你花伞，是希望自己能像这伞一样，为你遮挡一辈子的风雨！"她哭了，不是因为生气，而是因为感动。

诚然，若以价钱而论，一把花伞远不及一篮红玫瑰来得养眼，但在懂爱的人心中，它们拥有同样的内涵，它们同样是那般浪漫。

爱，不应以车、房等物质为衡量标准。在相爱的人眼中，不应有年老色衰、相貌美丑之分。爱是文君结庐沽酒的执著与洒脱，爱是孟光举案齐眉的尊重与和谐，爱是口食清粥却能品出甘味的享受与恬然，爱是"执子之手，与子携老"的生死契阔。在懂爱的人心中，爱俨然可以超越一切的世俗纷扰。

爱的故事又何止千万？其中不乏欣喜、不乏悲戚；不乏圆满、不乏遗憾。那么，看过下面这个故事，不知大家从中能够领会到什么。

雍容华贵、仪态万千的公主爱上了一个小伙，很快，他们踩着玫瑰花铺就的红地毯步入了婚姻殿堂。故事从公主继承王位、成为权力威慑无边的女王说起。

随着岁月的流逝，女王渐渐感到自己衰老了，花容月貌慢慢褪却，不得不靠一层又一层的化妆品换回昔日的风采。"不，女王的尊严和威仪绝不能因为相貌的萎靡而减损丝毫！"女王在心中给自己下达了圣旨，同时她也对所有的臣民，包括自己的丈夫下达了近乎苛刻的规定：不准在女王没化妆的时候偷看女王的容颜。

那是一个非常迷人的清晨，和风怡荡，柳绿花红，女王的丈夫早早起床在皇家园林中散步。忽然，随着几声悦耳的啁啾鸟鸣，女王的丈夫发现树端一窝小鸟出世了。多么可爱的小鸟啊！他再也抑制不住内心的喜悦，飞跑进宫，一下子推开了女王的房门。女王刚刚起床，还没来得及洗漱，她猛然一惊，仓促间回过一张毫无粉饰的白脸。

结局不言而喻，即使是万众景仰的女王的丈夫，犯下了禁律，也必须与庶民同罪——偷看女王的真颜只有死路一条。

女王的心中充满了悲哀，她不忍心丈夫因为一时的鲁莽和疏忽而惨遭杀害，但她又绝不能容忍世界上任何一个人知道她不可告人的秘密。斩首的那一天，女王泪水涟涟地去探望丈夫，这些天以来，女王一直渴望知道一件事，错过今日，也就永远揭不开谜底了。终于，女王问道："没有化妆的我，一定又老又丑吧？"

女王的丈夫深情地望着她说："相爱这么多年，我一直企盼着你能够洗却铅华，甚至摘下皇冠，让我们的灵魂赤诚相融。现在，我终于看到了一个真实的妻子，终于可以以一个丈夫的胸怀爱她的一切美好和一切缺欠。在我的心中，我的妻子永远是美丽的，我是一个多么幸福的丈夫啊！"

故事最后的结局呢？显然已不重要！它让我们知道，真正的爱情可以穿越外表的浮华，直达心灵深处。然而，喜爱猜忌的人们却在人与人之间设立了太多屏障，乃至于亲人、爱人之间也不能坦然相对。除去外表的浮华，卸去心灵的伪装，才可以实现真正的人与人的融合。

淡言淡语

执子之手，与子携老。当一生的浮华都化作云烟，一世的恩怨都随风飘散，若能依旧两手相牵，又何惧姿容褪尽、鬓染白霜？

信任他（她）

古语有云："不相疑，才能长相知。"外国也有句俗话，叫做"疑来爱则去"，都是在阐述夫妻之间信任的重要性。

莎士比亚名著《奥赛罗》叙述了这样一个悲剧：

国王的女儿苔丝德蒙娜冲破家庭和社会的阻力，同奥赛罗这样一个出身低下、肤色黝黑的将军结了婚。婚后的生活十分美满。然而，奥赛罗部下的一个军官尼亚古出于卑鄙自私的目的，编造谣言，设置陷阱，挑拨他们的夫妻关系，使奥赛罗对忠诚纯洁的妻子产生了猜疑之心，在一个漆黑的夜晚竟用被子将苔丝德蒙娜活活闷死了。后来，奥赛罗知道了事情的真相，追悔莫及，自刎于妻子的脚下。

现实生活中，我们的身边，也有着这样的家庭悲剧，这足以使我们警醒。

有篇小说《天在下雨》讲述了这样一个故事：

丈夫赵山深深地爱着他漂亮的妻子梁晴，他像一位老大哥似的整日看护着妻子，从走路姿势到头发式样，从一言一行到一举一动，从口红的浓淡到穿裤子还是裙子，可以说，他恨不得把满腔的爱全部倾倒在妻子身上。对于他这种"老大哥"式的爱，他的妻子梁晴腻烦透了，她渴望冲出丈夫精心织下的爱网，自己独立到外面闯一闯。于是，经朋友介绍，她进了一个剧组，她认真的工作态度和高效率的工作赢得导演的好评。

有一次，天下起雨，下班后梁晴发现自己忘了带雨伞，她正准备冒雨回家时，导演关心地说："小梁，我用摩托车送你回家吧。"梁晴点点头，答应了。

就在导演带着梁晴冲出剧组大院时，迎面赵山骑着自行车来给梁晴送伞。由于雨很大，坐在导演身后的梁晴没有发现丈夫赵山的身影，摩托车喷出一股黑烟，一溜烟地冲进了雨幕。赵山手里拿着雨伞，痴呆呆地望着两人远去的背影。于是，赵山便断定妻子梁晴和导演有染，一怒之下，请了长假，去广州度假。

赵山走后，梁晴竟然意外地发现自己怀孕了。将要做母亲的喜悦使她忘记了和丈夫之间的不快，她欣喜若狂地打电话告诉了丈夫。谁知，一盆冷水浇灭了她的喜悦，话筒那头传来丈夫冷冷的声音，冷得让人浑身打战，仿佛那是从地狱中吹来的阴风。

"我不想要一个别人的孩子，你应该把这个好消息告诉你的导演。"说完，"啪"地一声，电话挂断了。丈夫的无情和多疑反而使梁晴生下孩子的决心更加坚定了。十月怀胎，一朝分娩。孩子那圆乎乎的大眼睛和上翘的小鼻子活脱脱是赵山的再版，事实不说即明，孩子无疑是他的亲骨肉。

赵山后悔了，他用了各种办法想挽回他的过失，唤回妻子的爱，但是，妻子梁晴那颗冰冷的心再也无法暖和过来。他们只好分手了。

猜疑是夫妻关系的大敌，是感情破裂的一大隐患。生活中遇到怀疑的事，不宜过早下结论，要客观、理智地去分析，才能够了解真相。古人云："人之相知，贵在知心。"夫妻之间更需加强了解以求心心相印，杜绝猜疑的发生。夫妻双方要做到忠贞专一，相互信任，共同对家庭负责，彼此忠诚，这样，不管什么样的风浪，爱的小巢也会坚如磐石，安然无恙，永葆爱情的青春。

淡言淡语 >>>

爱人是以信任为基础的，信任是对爱人最好的尊重，要相信自己的爱人是一个能够正确处理各种事务的人，是一个有着正常判断力的人，是一个懂得感情、懂得尊重、懂得自尊的人，要将爱人当做一个真正的有独立人格的人看待。当我们看到爱人的某一行为，请不要把它想得那样庸俗和狭隘，他（她）肯定有自己的正当理由，或者为了公事，或者有什么事情需要双方协商等。

女人糊涂一点，幸福就多一点

两个再好不过的恋人，也是两个独立的"世界"。这两个完全独立的个体，只能互相映照、互相谅解，最大可能地去异求同，而绝不可能完全重合为一。鉴于此，为使小家庭里爱情之花常开不萎，都能开开心心地去从事社会工作，就要从互相映照、互相谅解和求同存异上下功夫，这就是"方圆"维系家庭和睦的真谛所在了。

但令人烦恼的是，某些相爱的人，却往往表现出极为强烈的不信任，总想把对方了解得一清二楚，总想让对方按照自己的意志行事，总怀疑对方对自己的忠贞。有理论家把这类现象归纳为由于"爱"而产生的恐惧症，是获得之后的最不愿意失去。对于控制对方，无论男人还是女人，都有自己的一套方式方法，尤其是女人，最容易表现出不容对方喘息的执著。

某个山区，曾流传过一种用女人自己创造的文字写成的"女书"，里面全是只有女人才看得懂的秘密。书中有关于"蛊"药的配制方法，是妻子专门用来对付丈夫的。在丈夫出门办事时，女人会按出门时间的长短，把一定量的"蛊"药放入男人的饭菜里，待他吃下，告诉他到时候一定得回来，男人就嗖地吓出一身冷汗，牢记时间一刻也不敢耽误地赶回来，向老婆讨足量的解药吃。如果耽搁了行程，没有如期回到老婆身边，就会弃尸他乡。至于特别喜欢盯梢儿，动不动就搞点儿心理测试，从你的一举一动、一言一行中找出移情别恋的毛病来，则是许多女人和男子的通病了。

有个叫秋胡的人，娶妻五天就离家到外地做官去了。五年之后春风得意地回来了，快走到自家村庄的时候，看见田野里有一位楚楚动人的女子在采桑叶，把这个秋胡看呆了，就下了马车，走到女子面前，以就餐、求宿、许金进行挑逗，结果被女子一一回绝。秋胡回家后，见过父母，使人召回妻子，一看，竟是那位采桑叶的妇人。秋胡觉得惭愧不说，妻子开始数落起他来，说他离别父母五年了，不是着急回家，反而调戏路边的妇人，是不孝、是不义。不孝的人，就会对君不忠；不义的人，则会做官不清。于是，出村往东跑去，投河自尽了。

其实，这位女子大可不必这样认真，她的丈夫已经表示惭愧了，她也并没有什么轻佻的言行，完全可以教训丈夫几句，就什么都过去了。她的丈夫甚至可以用已经认出了她，只不过是故意开个玩笑试探她的忠贞来掩饰，如此，夫贵妻荣，岂不皆大欢喜？关键就是这位女子心里没有"方圆"的处世方法，尤其对丈夫的期望值过高，认为丈夫将来一定不会忠于他们的爱情，与其将来难受，不如现在一死了之。结果，白白断送了年轻的生命。

值得我们深思的是，古代的悲剧故事并不过时，在现实生活里，因为丈夫的拈花惹草，或者只是怀疑丈夫另有第三者，于是争吵、纠缠中自杀殉情的也大有人在。在恋爱、婚姻的问题上，男人往往比女子想得开些，真发现妻子在感情上有问题，自己觉得窝囊，阳刚之气涌上来，索性来个一刀两断者；也有怕以后娶不上媳妇或为了孩子的，就干脆装起"方圆"来，只劝女子改过了之，岁月长着呢，时过境迁的时候也是有的，说不准夫妻俩又恩爱如初，小日子真就红红火火地过起来了呢！

淡言淡语

生活就是如此，太过计较的女人未必可以获得幸福。在婚姻与爱情的舞台上，无论男女，都不要将自己锻炼成那个太计较、太精明的人。幸福的来源在于方圆与精明之间。所以，你一定要演好自己的角色。

爱得实际一点

毋庸置疑，十全十美的人和事在现实生活中根本不存在，倘若你真地要去抓住这种乌托邦式的梦，那你会让自己劳而无功。在婚恋的道路上，我们不妨适当地糊涂一点，不要去苛求完美的爱情，这样才能找到真爱。

水瑶、丹丹、倩然是好得不能再好的闺中密友，三人中水瑶长得最美，倩然最有才华，只有丹丹各方面都平平。三个人虽说平时好得恨不能一个鼻孔出气，但是在择偶标准上，三个人却产生了极大的分歧。水瑶觉得人生就应该追求美满，爱情就应该讲究浪漫，如果找不到一个能让自己觉得非常完美的爱人，那么情愿独身下去。而倩然则觉得婚姻是一辈子的大事，必须找一个能与自己志趣相投的男人才行，只有丹丹没有什么标准，她是个传统而又实际的人——对婚姻不抱不切实际的幻想，对男人不抱过高的要求，对人生不抱过于完美的奢望，她觉得两个人只要"对眼"，别的都不重要。

后来，丹丹遇到了陈军，陈军长相、才情都很一般，属于那种扎在人堆里就会被淹没的男人，但他们俩都是第一眼就看上了对方，而且彼此都是初恋，于是两个人一路恋爱下去。对此水瑶和倩然都予以强烈的反对，她们觉得像丹丹这样各方面都难以"出彩"的人，婚姻是她让自己人生辉煌的唯一机会，她不应该草率地对待这个机会。但是丹丹觉得没有人能够知道，漫长的岁月里，自己将会遇见谁，亦不知道谁终将是自己的最爱，只要感觉自己是在爱了，那么就不要放弃。于是丹丹23岁时与陈军结了婚，25岁时做了妈妈。虽说她每天都过得很舒服、很幸福，但她还是成为了女友们同情的对象，水瑶摇头叹息："花样年华白掷了，可惜呀！"倩然扁着嘴说："为什么不找个更好的？"

当年的少女被时光消磨成了三个半老徐娘，水瑶众里寻他千百度，无奈那人始终不在灯火阑珊处，只好让闭月羞花之貌空憔悴；而倩然虽然如愿以偿，嫁给了与自己志趣一致的男士，但无奈两个人虽是同在一个屋檐下，却如同两只刺猬般不停地用自己身上的刺去扎对方，遍体鳞伤后，不得不离婚，一旦离婚后，除了食物之外她找不到别的安慰，生生将自己昔日的窈窕，变成了今日的肥硕，昔日才女变成了今日的怨女；只有丹丹事业顺利，家庭和睦，到现在竟美丽晚成，时不时地与女儿一起冒充姐妹花"招摇过市"。

水瑶认为完美的爱人、浪漫的爱情能使婚姻充满激情、幸福、甜蜜，其实不然，完美的爱人根本就是水中月镜中花，你找一辈子都找不到，况且即使你找到了自己认为是最美满、最浪漫的爱情之后，一遇到现实的婚姻生活，浪漫的爱情立刻就会溃不成军，因为你喜欢的那个浪漫的人，进了围城之后就再也无法继续浪漫了，这样你会失望，失望到你以为他在欺骗你；而如果那个浪漫的人在围城里继续浪漫下去，那你就得把生活里所有不浪漫的事都担当下来，那样，你会愤怒，你以为是他把你的生活全盘颠覆了。

情然自视清高，把精神共鸣和情趣一致作为唯一的择偶条件，她期望组织一个精神生活充实、有较强支撑感的家庭，她希望夫妻之间不仅有共同的理想追求和生活情趣，而且有共同的思想和语言。可是事实证明她错了，她的错误并不在于对对方的学识和情趣提出较高的要求，而在于这种要求有时比较褊狭和单一。实际上，伴侣之间的情趣，并不一定局限于相同层次或领域的交流，它的覆盖面是很广泛的，知识、感情、风度、性格、谈吐等都可以产生情趣，其中，情感和理解是两个重要部分。情感是理解的基础，而只有加深理解才能深化彼此间的情感，双方只要具备高度的悟性，生活情趣便会自然而生。

丹丹的爱也许有些傻气，但是恰恰是这种随遇而安的爱使她得到了他人难以企及的幸福。爱情中感觉的确很重要，感觉找对了，就不要考虑太多，不然，会错过好姻缘的。将来的一切其实都是不确定的，不确定的才是富于挑战的，等到确定了，人生可能也就缺少了不确定的精彩了。丹丹很庆幸自己及时把握住了自己的感觉，青春的爱情无法承受一丝一毫的算计和心术，上天让丹丹和陈军相遇得很早，但幸福却并没有给他们太少。

那些像丹丹一样顺利地建立起家庭的女士，似乎都有一个共同的心理特征，即方圆而为，率性而立，她们敢于决断，不过分挑剔。爱情中的理想化色彩是十分宝贵的，但是理想近乎苛求，标准变成了模式，便容易脱离生活实际，显得虚幻缥缈。

淡言淡语 >>>

现实生活中女人寻找的是"白马王子"，男人寻找的则是才貌双全的"人间尤物"，他们寄予爱情与婚姻太多的浪漫，这种过于理想化的憧憬，使许多人成了爱情与浪漫的俘虏。所以，奉劝那些尚未走进殿堂的男男女女，爱得实际一点，不要给予爱情太高的期望。

爱在现在时

生活中常会出现这样的现象，恋人的前一段感情往往容易被后来者惦记、比较，他或她不但自己对以往的人或事耿耿于怀，而且更不断地提醒恋人——"永远不要忘记"。如此一来，那个原本已经成为过去、与现在毫不相干的人，便长期纠缠在两个人的爱情生活之中，最终导致了爱情的破裂。

振东在大学时就和同班同学佳凝谈起了恋爱，两个人的感情一直很稳定，可是大学毕业后，佳凝留学去了美国，振东考虑到自己的事业在国内更有前途，所以根本就没有去国外的打算，而佳凝又不想很快回国，所以两个人经过协商，友好地分手了。

一次偶然的机会，一名叫佟可可的女护士闯进了振东的视线，经过长时间的观察，振东发现佟可可虽然只是中专毕业，但是人长得很漂亮，而且为人热情、大方、善良而又有耐心，他觉得这种女孩非常适合做自己的妻子，因为自己是个事业狂，如果能够娶到佟可可这样的女孩做妻子，她一定会是个贤内助，肯定能成为自己发展事业的好帮手，于是在他的狂热追求下，佟可可终于成了他的恋人。

为了避免不必要的麻烦，振东从未对佟可可说起自己和佳凝的那段恋情。而振东和佟可可的感情也越来越热烈，甚至到了谈婚论嫁的地步。也正如振东所料，佟可可果然对他的事业帮助很大，休班的时候，佟可可总是到振东的住处帮助他打扫房间、洗衣、做饭，有时还帮助他查阅、打印资料，两个人都充分享受着爱情的甜蜜和美满。

可是，有一天，振东的一位大学同学从外地来这里出差，晚上在饭店为老同学接风的时候，振东带佟可可一起去了。由于久别重逢，振东和那位老同学都感到很兴奋，于是两个人都喝得有点过了，那个老同学忽略了佟可可的感受，对振东说，他们这些老同学都对振东和佳凝的分手感到十分遗憾，因为佳凝是那么才华横溢，将来肯定能在事业上大有作为，老同学原本都以为他们俩是天造地设的一对，在事业上一定会是比翼双飞。

虽然那位老同学也说，今天见了佟可可后，也就不会再遗憾了，因为佟可可的漂亮和善解人意都是佳凝所无法比拟的，但是这丝毫没有减轻佟可可心中的痛苦，她第一次知道在自己之前，振东还有过一个聪明而有才华的女朋友，尤其是那个女朋友比自己优秀得多：她比自己学历高，而且还去了美国留学。在佟可可看来，振东之所以要对自己隐瞒这段感情，一是因为佳凝出国而抛弃了他，他出于一个男人的自尊而不愿意对自己提起；二是因为他至今都忘不了佳凝，而自己则完全是振东用来掩饰心灵创伤的一张创可贴罢了，她为自己成了佳凝在振东心目中的替代品而感到可悲。

所以那天回来后，佟可可跟振东大闹了一场，尽管振东百般解释自己是一心一意地爱着她的，至于佳凝，那完全属于过去，自己对她真的已经没有爱的感觉了，但是在佟可可的心中还是从此结下了疙瘩，在以后两个人交往的过程中，佟可可处处自觉或不自觉地拿佳凝来说事，有时候都让振东防不胜防。有时振东夸佟可可几句，她就猛不丁地来上一句："你以前是不是也常常这样夸佳凝？"如果有时候佟可可什么事情没做好，振东向她提意见，她常常反唇相讥："对不起，我就是这种水平，谁叫你放走了才女，而交了我这个低学历、没本事的女朋友呢，后悔了吧！"

一次，振东要去美国出差，佟可可一边帮他收拾行李，一边问："就要见到佳凝了，心情一定很激动吧？"当时振东正急着整理去美国要用的一些资料，就没顾得上搭理佟可可，这让佟可可更加误会了，她又说："好马也吃回头草，如果现在佳凝还是一个人的话，你们这次就在美国破镜重圆了吧。"

这时，振东不耐烦地说了一句："你怎么又拿佳凝说事，烦不烦啊！"不料，佟可可脸色大变："我学历低，能力差，不能和你比翼齐飞，你当然烦我了，要烦了就明说，别遮着捂着，搞那一套此地无银的伎俩，我不是那种没有自尊、非要赖上一个男人不可的人。"说着便转身跑了。

由于第二天就要启程去美国，所以振东就想等回国以后再去找她解释，可是令他没有想到的是，等他回国时，她已经火速地认识了一个男朋友，她对他说："我现在的男朋友各方面都不如你，我这么急着另找一个人，也是为了逼自己坚决离开你，我必须自己断了自己的回头之路。"

其实，既然已经成为过去，既然他或她现在是唯一属于你一人的，你无疑就是爱情中的胜者。那么，我们又何必拿自己与一个失败者去比较呢？

"一旦拥有，别无所求"，拥有美好的事物时，我们虽说应该居安思危，但亦不可思危过度，每日纠结于那些已经成为过去的故事，而应好好地去珍惜它，唯有如此，我们的爱情才能永远成为自己的一份实在、一份瑰丽。

7岁的孩子与妈妈玩耍。

小男孩翻着爸爸的相册，赫然一个面容姣好、身材漂亮、充满青春活力的妙龄少女，使人眼前一亮。

"妈妈，这个大姑娘是爸爸以前的女朋友"，孩子歪着头逗妈妈，"这是爸爸说的。妈妈，你气不气？"

"有什么气的？都是过去的事了，只要你爸现在是我的。小孩子别瞎说。"已经发福的妈妈脸上洋溢着幸福的笑，老公确实对她很不错，人有本事，又老实，在单位人缘、名声极佳，她真够幸福！

"只要现在是我的！"她能够真诚地体谅和理解丈夫的过去，并在现实中奉献全部的爱心来关心和照顾丈夫。她从不对丈夫斤斤计较、耿耿于怀，如此豁达的心胸怎能不令全家相处安然，甜蜜幸福呢？

"只要现在是我的"，是一种对世事的豁然与达观，是一种对待自身处境的知足和满意，也是一种发展的沉着与务实。

能够满足于"只要现在是我的"，才能珍惜你所梦寐以求的东西，才会呵护、努力保持并使这一美梦持续和升华。

淡言淡语

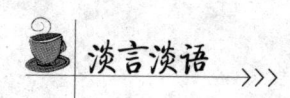

放下过去，爱才能释怀。爱情的路上请朝前看，无论你的爱人发生过什么，毕竟那时你没有遇到他（她），那时的他（她）不属于你。你没有必要，也没有资格死死揪住他（她）的过去不放。只要现在他（她）在你身边陪着你、珍惜着你、深爱着你，就足以抚平以往的创伤。

多一些检讨，多一些担当

爱情的成功与否其实暗含着很多原因。我们要有付出的能力、理解的能力、宽容的能力和自我承担的能力。付出才能得到回报，理解和宽容才能营造爱情继续生长的环境，自我承担才不致使爱情成为萎靡不振的祸首。

在日常的生活中给对方多一些理解，在细节中给予对方更多的关心和体贴，不动辄揪住"鸡毛蒜皮"的小事不放，你会发现生活更美好了，家庭更和睦了。例如，妻子娘家来人，丈夫疏忽，忘了给客人沏茶。妻子大声呵斥起来："你这样不懂规矩，是不是看不起他们？你看不起他们，就是看不起我……"这时，丈夫决不能采取"以牙还牙"的顶撞态度，而应有"宰相肚里能撑船"的气量，暂且不去计较妻子的话说得难听或是否符合事实，而要多想妻子平时对自己的恩爱，过后再找机会向妻子说明原因，并指出她在来人面前数落丈夫是不对的，这样就可避免一场不愉快的"冲突"。

一次，夫妻二人决定坐下来好好谈谈。

妻子说:"你有多久没有回家吃晚饭了?"

丈夫说:"你有多久没有起床做早饭了?"

妻子说:"你不回家陪我吃晚饭,我有多寂寞啊。"

丈夫说:"你不给我做早饭吃,你知道上午工作时我多没有精神。上司已经批评我好几回了。"

"早饭你可以自己弄的啊,每天回来那么晚吵我睡觉,我怎么能起得来。你可以不回来陪我吃晚饭,我就可以不给你做早饭。"妻子不高兴地说。

"你知道我一天上班有多辛苦,压力有多大。一个晚饭,自己吃怎么了,难道你还是孩子,要我喂你不成?"丈夫也没有好气地说。

妻子抱怨说:"你总是喝得烂醉而归,有多久没有给我买花,多久没有帮我做家务了。"

丈夫也不甘示弱地说:"你知道你做的饭有多难吃,洗的衣服也不是很干净,花钱像流水,有多久没有去看我的父母了……"

就这样,夫妻二人你一句我一句地互不相让,最后竟翻出了结婚证要去离婚。

在去街道办事处的路上,他们遇见了一对老夫妇正相互搀扶慢慢走着,老妇人不时掏出手帕给老公公擦额头上的汗,老公公怕老妇人累,自己提着一大兜菜。这对年轻夫妇看到这个情景,想起了结婚时的誓言:"执子之手,与子携老。休戚与共,相互包容。"可是现在竟然……

于是他们开始互相检讨。丈夫说:"亲爱的,我真的很想回家陪你吃饭,可是我实在工作太忙,常常要应酬,并不是忽略你啊。"

妻子不好意思地说:"老公,我也不对,不应该那么小气,你在外工作挣钱不容易,早上我不应该赖床不起的。"

"早饭我可以自己热,每天回家那么晚一定吵你睡不好觉,你应该多睡会儿的。"

丈夫忙说,"刚才在家我不应该那么凶地和你说话,我知道自己身上有很多毛病……"

妻子也忙检讨自己……

就这样,这场离婚风波平息了。从这之后,夫妻俩变得互敬互爱,彼此宽容忍让,更多地为对方着想,恩恩爱爱。其实,导致婚姻失败、爱情终结的常常都不是什么大事,而是一些日常琐碎小事中的摩擦。

相互理解才能让彼此互相交流融洽,相互理解才能让感情维系长久。埋怨只能让彼此疏远,让爱情更早地被葬送。但宽容也是有原则的,并不是一味地忍让,而是不要斤斤计较,付出就索取回报。要常常换位思考一下,不要把自己的想法强加于人,要给予对方解释的机会。

有时候婚姻的另一方,一不小心撒了谎,大可不必刻意去揭穿他,更不用和他拼命,就算你洞悉一切,你仍然可以傻傻地笑着说,我只是担心你。潜台词就是我知道,但我不打算计较。特别是有第三方在场的时候,你给他留足了面子,他一定会心存感激,感激你的包容和护佑,会把你当成同盟,当成分享秘密的另一方,这种唾手可得的甜蜜,何必推辞掉?

淡言淡语 >>>

白头偕老不是一句空泛的誓言,而是融入我们每一天的生活细节里的行动。白头偕老不仅仅需要爱情的支撑,更需要彼此的理解和礼让,而这理解正体现在日常生活中。

给婚姻些张力

在生活中,一个不允许不同声音出现的人,会变得越来越自我,同时也加大了其与人正常交往的难度。在家庭中,当我们要张口指责对方之时,请多多想想自己有没有错,同时一定要给予对方说话的机会,因为唯有民主、宽容、相互理解的家庭,才能够铸造出令人艳羡的和谐。

没有宽容与理解的婚姻,就如同薄脆的饼干,轻轻一掰就会碎裂。两个人在一起,缺不了"容"与"忍",否则婚姻就会没有张力、没有韧性,很容易就会被一些琐事繁情所击碎。有时候,对身边的人多一些宽容与理解,你会发现生活原来一直都很丰富、都很美好。

在加拿大魁北克山麓,有一条南北走向的山谷,山谷没有什么特别之处,却有一个独特的景观:西坡长满了松柏、女贞等大大小小的树,东坡却如精心遴选过了的一般——只有雪松。这一奇景异观曾经吸引不少人前去探究其中的奥秘,但却一直无人能够揭开谜底。

1983年冬,一对婚姻濒临破裂而又不乏浪漫习性的加拿大夫妇,准备作一次长途旅行,以期重新找回昔日的爱情。两人约定:如果这次旅行能让他们找到原来的感觉就继续一起生活,否则就分手。当他们来到那个山谷的时候,正巧下起了大雪。他们只好躲在帐篷里,看着漫天的大雪飞舞。不经意间,他们发现由于特殊的风向,东坡的雪总比西坡的雪下得大而密。不一会儿,雪松上就落了厚厚的一层雪。然而,每当雪落到一定程度时,雪松那富有弹性的枝丫就会向下弯曲,使雪滑落下来。就这样,反复地积雪,反复地弯曲,反复地滑落,无论雪下得多大,雪松始终完好无损。而西坡的雪下得很小,那些松柏、女贞等树上都落满了雪，可是并不多，所以也没有受到损害。

看到这种情景，妻子若有所悟，对丈夫说："东坡肯定也生长过其他的树，只不过由于没有弹性，而被大雪压折了。"丈夫点了点头，两人似乎同时恍然大悟，旋即忘情地紧拥热吻起来。丈夫兴奋地说："我想我们可以重新在一起生活了——以前总觉得彼此给予对方的压力太多，觉得太累太烦，可是事实上我们是能够承受的；即使承受不了，也可以像雪松一样弯曲一下，这样生活就轻松多了。"

也许你也见过这样的夫妻，看起来各方面都很适合，可是就因为一些生活上的小习惯而不断发生冲突，有时候甚至只是因为牙膏该从中间挤还是从尾端挤这样微不足道的小事，却有可能摧毁一桩婚姻。

繁琐的家事、日益增长的家庭开销，很大程度上会影响夫妻双方的心情。婚前的种种憧憬与婚后的现实生活相去甚远，爱情在承受着从浪漫到现实的考验，久而久之，必然会令夫妻双方感到疲惫。一段婚姻的破裂，对于女人而言是难以抹去的痛苦，对于男人而言则很可能是一种耻辱。如果你不能让曾经深爱的她（他）幸福地度过这一生，你无疑就是个失败者。其实保持婚姻的完整并不难，只要多一些宽容、多一些理解，你就可以用宽广的胸怀维持婚姻的美满。

淡言淡语

有人说，婚姻是这样一种奇怪的事物，它使得两个本来陌生的人凝聚在一起，磨合着彼此原本独具个性的棱角，可是又总会被彼此的棱角给刺伤。若是夫妻双方都能多些生活的智慧，彼此忍耐、宽容，像雪松一样懂得适时地缓解压力，那么婚姻是可以更长久、更幸福的。

忍耐几分钟

《说文解字》上说"忍，能也"。忍，确实是有能力、有雅量、有修养的表现，它是积极的，主动的，高姿态的。若人人都懂得这个理，何愁家庭不和谐幸福？

有一老翁，有子媳各三，但一家人相处融洽，终年不见狼烟。一日闲聊时，老翁谈起与媳妇的相处之道。他举例说，一次大媳妇煮面条，先盛一碗给他，并半征询半内疚道："刚才我好像放多了盐，不知您会不会觉得咸了点？"阿翁吃了一口，即答："不咸！不咸！恰到好处呢！"此后的一次，三媳妇煮面条时也给他送去一碗，说："我一向吃的较为清淡，不知您口感如何？"阿翁喝了一口汤，忙答："很好很好，正合我的口味。"结果自然是皆大欢喜。

忍让是通向幸福的钥匙。家庭中的矛盾、分歧很少有原则性的分歧。这时能以"忍"字为先，装些糊涂，表示谦让，矛盾也就烟消云散了。不然的话，就会激化矛盾。其实，是咸是淡，好吃难吃，都不重要，重要的是人与人相处时那种和乐的气氛。

魏太太把满满一桌饭菜热了又热，那可全都是魏先生爱吃的。然而魏先生早忘了今天是他们结婚五周年的纪念日，迟迟在外不归。

终于，魏太太听到了开门声，这时愤怒的魏太太真想跳起来把魏先生推出去。魏先生的全部兴奋点都在今晚的足球赛上，那精彩的临门一脚仿佛是他射进的一般。魏太太真想在魏先生眉飞色舞的脸上打一拳，然而一个声音告诫她："别这样，亲爱的，再忍耐两分钟。"

两分钟以后的魏太太，怒气不觉平息了许多。"丈夫本来就是那种粗心大意的男人，况且这场球赛又是他盼望已久的。"她不停地安慰自己，而后起身又把饭菜重新热了一遍，并斟上两杯红葡萄酒。兴奋依然的魏先生惊喜地望着丰盛的饭桌："亲爱的，这是为什么？""因为今天是我们的结婚纪念日。"

愣了片刻的魏先生抱住魏太太："宝贝，真对不起，今晚我不该去看球。"

魏太太笑了，她暗自庆幸几分钟前自己压住了火气，没大发雷霆。

忍让，是家庭和谐幸福的一个必不可少的条件。多站在对方的角度想一想，比如，在家里谁说了几句不中听的话，你不妨设想，他可能为别的事心里不痛快，或许他对什么事误会了，或许他天生的直筒子脾气，沾火就爆，过后他会想到自己的不对，或许是因为他年纪小、想事情不周全，等等。这样就理解了、宽恕了、容忍了，也就不会放到心里去。这才是真正的忍，忍了之后，自己的心里也是坦然的，宽阔的，清爽的，平静的。

试想，如果家庭成员之间因磕磕碰碰、丁丁点点的小事，不知忍让，不去克制，便针扎火爆地发脾气、耍野性，这个家庭还有什么和谐幸福可言呢？我们每个家庭当中，夫妻吵架，都是因为这些提不起来的事引起的。你细细想一下，是不是应该像魏太太那样忍耐两分钟呢？

淡言淡语 >>>

家，是人生的安乐窝；家，是人生的避风港。一个家庭要想"家和万事兴"，家庭里的成员必须要能相互理解、相互体谅、相互尊重、相互包容。忍让，能让家庭和睦；忍让，能使全家相安无事。虽然学会忍让不是一件简单的事，但我们还是要忍让，因为忍让能为我们带来意想不到的收获。

167

冷战，你惹不起

　　当今社会许多人追求独立，这本无可非议，而且应该大力提倡。一些人把这种独立看成绝对的独立、自由，不允许任何人干涉，一旦别人触及他某一领域的利益，他往往做出强烈的反应。比如在经济上，独立固然是好的，但独立并不等于说夫妻二人各挣各的钱，各用各的钱，严格划分二人之间的界限，绝不允许对方侵犯一点自己的经济利益。这样的两个人，虽名义上是夫妻，实质在情感上往往形同陌路，非常淡漠。

　　有这样一对夫妻，丈夫在政府部门上班，妻子是一家国有工厂的工人。丈夫业余时间喜欢动动笔杆子写点东西，或捧着一本书读得津津有味；妻子漂亮热情，业余时间喜欢去舞厅跳跳舞。

　　起初，丈夫硬着头皮陪妻子去舞厅，但那种灯光闪烁的环境令他眩晕。他怀着厌烦的情绪劝导妻子不要再去那种地方，妻子却反驳道："如果我不让你看书，不让你写作，你愿意吗？"

　　丈夫哑口无言。妻子带着胜利的微笑轻松地哼着小曲走了，房间里只留下妻子身上那种醉人的香水味道。丈夫愣愣地坐在沙发上，一支接一支地吸着香烟。他觉得妻子的理由是靠不住的，读书写字，乃文人雅趣，格调高雅，陶冶人的情操。幽暗放荡的舞厅，三教九流的闲人，有很多是穷得只剩下光棍一人，在那里一起疯狂地摇摆，哪能与读书吟诗的雅事相提并论。

　　以前，家里的"财政大权"无需商量，自然牢牢地掌握在妻子手中，丈夫在劝妻子戒舞失败后，决心"冻结"妻子的经济来源。起初，他不再将自己的工资交给妻子，认为妻子微薄的工资一定供不起她每日去舞厅、经常换舞鞋以及购买高档化妆品，结果他发现妻子几乎把自己的工资全部花在了跳舞上。妻子每天玩得高高兴兴，回到家中嘴里还哼着轻快的舞曲，于是，他只好另想办法。

他首先从妻子的屋中搬了出来，每日和妻子"横眉冷对"，接着，又将一切家务一分为二，列出清单放到妻子的床头。饭自然由妻子来做，衣自然由妻子来洗，孩子自然由妻子来照顾，哪怕妻子由于工作忙而没时间洗碗，他也绝不动一指头。因为那是"和约"上写明的，各司其职，绝不互相干涉。帮忙，岂不也是"干涉"的一种？至于经济上，他不但自己的钱分文不交妻子，甚至到妻子的单位，利用他的"领导"身份，将妻子的工资事先领走，妻子找他理论，他却振振有词："以前家中财政大权由你掌握，我说过什么吗？现在由我来管，有什么不可以？"妻子竟也无言以对。

于是，妻子也采取"冷战"政策，丈夫的衣服不洗，丈夫的饭不给做，丈夫的东西全被扔到"丈夫的房间"里，孩子，每人带一天，谁也不肯让步。总之，整个家似乎被分成了互不相融的两部分。

最后，妻子干脆辞掉了厂里的工作，自己去租了一组柜台卖服装。由于眼光敏锐，有胆有识，竟然干得有声有色，不久便自己开了一家时装店，办起了公司，财源滚滚而来，远非她昔日那点工资可比。"家"的名存实亡，在她的心中留下了很浓的阴影，她决定提出离婚。丈夫起初不同意，并以孩子可怜为由，试图留住妻子，但妻子去意已决，不可动摇。

"我们现在这样生活与离了婚有什么两样？不同吃，不同住，互不干涉'内政'、'外交'，我们跟两个没有任何关系的人有什么区别？缺的只是那一纸离婚证书。"丈夫冷静地想了又想，觉得妻子说的确实有道理，便同意离婚，一个原本很温馨很美满的小家庭就这样解体了。

由意见分歧互不相让到"各自为政，互不干涉"，这个家庭由"名存实亡"走向了真正的破裂，这里面的教训不得不引起我们的思考与重视。假如丈夫与妻子中有一方稍做妥协，"糊涂"一点，不采取那种将家庭一分为二分庭抗礼的措施来冷淡对方，而是以"润物细无声"的春雨似的柔情去感化对方，那么又将会出现另一种结果。

其实，把配偶看作自己的私有财产，干涉对方的社交活动和限制对方的行动，是十分愚蠢之举。

聪明人，三分流水二分尘，不会把所有的事探究个一清二楚，就算你天生有一双火眼金睛，世事洞明，到头来伤了的不仅仅是眼睛，还会连累婚姻，只要把握住婚姻生活的大方向，不偏离正常的轨道，不偏离道德的航线，有些鸡毛蒜皮的小事还是不要过于计较为好。

淡言淡语 >>>

俗语说："物极必反。"管得太死，就会使对方产生逆反心理，对方不仅不认为这是爱的表现，反而觉得你太多疑，对自己不信任。你整日疑神疑鬼，他（她）整日提防你，这样的爱会累死人的，在如此狭小的空间里，爱情之火是会窒息的。

第七辑
闲看花开花落,漫随云卷云舒

人世间的事,刻意去做往往事与愿违,不在意时却又"得来全不费工夫"。所谓"世间本无事,庸人自扰之",对俗务琐事的过分关注,患得患失,其实正是我们烦恼的根源所在。

闲行闲坐任荣枯

　　禅学经典《坛经》上说："念念之中，不思前境。若前念今念后念，念念相续不断，名为系缚。于诸法上，念念不住，即无缚也。"不能任运随缘，就束缚了身心的发展，于做人处世都没有什么益处可言的。

　　唐代的药山禅师投石头禅师门下而悟道，他得道之后。门下有两个弟子，一个叫云岩，一个叫道吾。有一天，大家坐在郊外参禅，看到山上有一棵树长得很茂盛，绿荫如盖，而另一棵树却枯死了，于是药山禅师观机逗教，想试探两位弟子的功行，先问道吾说："荣的好呢？还是枯的好？"道吾说："荣的好！"再问云岩，云岩却回答说："枯的好！"此时正好来了一位俗姓高的沙弥，药山就问他："树是荣的好呢？还是枯的好？"沙弥说："荣的任它荣，枯的任它枯。"

　　他们三个人对树的成长衰亡有三种不同的意见，寓意他们对修道所采取的态度，有三种不同的方向。虽然高沙弥的见解有点谁都不得罪的意味，然而这却是禅对这件事的正解：我们平常所指陈的人间是非、善恶、长短，可以说都是从常识上去认知的，都不过停留在分别的知识界而已，但是这位见道的沙弥却能截断两边，从无分别的慧解上去体认道的无差别性，所以说："荣的任它荣，枯的任它枯。"

　　宋代的草堂禅师总结了这一公案，并作偈一首——
云岩寂寂无窠臼，灿烂宗风是道吾。
深信高禅知此意，闲行闲坐任荣枯。
　　人活着，要做的事情很多，奢望每一件都能按自己的设想发展结

172

局，是根本不可能的！一切的羁恋苦求无非徒增烦恼，只有一切随缘，才能平息胸中的"风雨"。

苏东坡和秦少游一起外出，在饭馆吃饭的时候，一个全身爬满了虱子的乞丐上前来乞讨。

苏东坡看了看这名乞丐对秦少游说道："这个人真脏，身上的污垢都生出虱子了！"

秦少游则立即反驳道："你说的不对，虱子哪能是从身上污垢中生出，明明是从棉絮中生出来的！"两人各执己见，争执不下，于是两个人打赌，并决定请他们共同的朋友佛印禅师当评判，赌注是一桌上好的酒席。

苏东坡和秦少游私下分别到佛印那儿请他帮忙。佛印欣然允诺了他们。两人都认为自己稳操胜券，于是放心地等待评判日子的来临。评判那天，佛印不紧不慢地说道："虱子的头部是从污垢中生出来的，而虱子的脚部却是从棉絮中生出来的，所以你们两个都输了，你们应该请我吃宴席。"听了佛印的话，两个人都哭笑不得，却又无话可说。

佛印接着说道："大多数人认为'物'是'物'，'我'是'我'，然而正是由于'物''我'是对立的，才产生出了种种矛盾与差别。在我的心中，'物'与'我'是一体的，外界和内界是完全一样的，它们是完全可以调和的。好比一棵树，同时接受空气、阳光和水分，才能得到圆融的统一。管它虱子是从棉絮还是污垢中长出来的，只有把'物'与'我'的冲突消除，才能见到圆满的实相。"

佛印化解苏东坡与秦少游的争端正是采用了"枯也好，荣亦好"的禅理。如果想真正做到任运随缘，那我们就应该向唐代高僧赵州禅师多取取经。

唐代高僧从谂禅师，因为久居赵州（今河北省赵县）观音院，因此被唤作"赵州禅师"。

一日，两名云游僧到赵州禅师所在的观音院挂单，恰好与赵州禅师相遇。

赵州禅师问其中一名云游僧："你以前到过这儿吗？"

僧答："到过。"

赵州禅师说："吃茶去。"

赵州禅师又问另外一僧，僧答："我第一次到这里来。"

赵州禅师说："吃茶去。"

观音院住持大惑不解，问道："来过也吃茶去，没来过也吃茶去，这是什么意思？"

赵州禅师大叫一声："住持！"

观音院住持脱口而答："是！"

赵州禅师说："吃茶去。"

对于生活，我们应该拥有赵州禅师所主张的"任运随缘，不涉言路"态度，只有"遇茶吃茶，遇饭吃饭"，除去一切颠倒攀缘，才是畅快人生的真谛。

淡言淡语 >>>

繁琐的生活总是滋生出种种烦恼，对此，我们不必过于挂怀。既然它们"随风"而来，就让它们随风而去吧！

简单是生活的真谛

　　幸福与快乐源自内心的简约，简单使人宁静，宁静使人快乐。人心随着年龄、阅历的增长而越来越复杂，但生活其实十分简单。保持自然的生活方式，不因外在的影响而痛苦抉择，便会懂得生命简单的快乐。

　　一天晚上三更半夜，智通和尚突然大叫："我大悟了！我大悟了！"

　　他这一叫惊醒了众多僧人，连禅师也被惊动了。众人一起来到智通的房间，禅师问："你悟到什么了？居然这个时候大声吵嚷，说来听听吧！"

　　众僧以为他悟到了高深的佛旨，没想到他却一本正经地说道："我日思夜想，终于悟出了——尼姑原来是女人做的。"

　　刚说完，众僧就哄堂大笑，"这是什么大悟呀，我们大家都知道的呀！"

　　但是禅师却惊异地看着智通，说："是的，你真的悟到了！"

　　智通和尚立刻说道："师父，现在我不得不告辞了，我要下山云游去。"

　　众僧又是一惊，心里都认为：这个小和尚实在是太傲慢了，悟到"尼姑是女人做的"这么简单的道理也没什么稀奇的，却敢以此要求下山云游，真是太目中无人了，竟敢对我们师父这么无理，可恶！

　　然而禅师却不这样认为，他觉得智通到了下山云游的时候，于是也不挽留他，提着斗笠，率领众僧，送他出寺。到了寺门外，智通和尚接过了禅师给他的斗笠，大步离去，再也没有任何留恋。

　　众僧都不解地问禅师："他真地悟到了吗？"

第七辑　闲看花开花落，漫随云卷云舒

175

禅师感叹道:"智通真是前途无量呀!连'尼姑是女人做的'都能参透,还有什么禅道悟不出来的呢?虽然这是众人皆知的道理,但是有谁能从中悟出佛理呢?这句话从智通的嘴里说出来,蕴涵着另一种特殊的意义——世间的事理,一通百通啊。"

世界上的事,无论看起来是多么复杂神秘,其实道理都是很简单的,关键在于是否看得透。生活本身是很简单的,快乐也很简单,是人们自己把它们想得复杂了,或者说人们自己太复杂了,所以往往感受不到简单的快乐,他们弄不懂生活的意味。

睿智的古人早就指出:"世味浓,不求忙而忙自至。"所谓"世味",就是尘世生活中为许多人所追求的舒适的物质享受、为人欣羡的社会地位、显赫的名声,等等。时下某些人追求的"时髦",也是一种"世味",其中的内涵说穿了,也不离物质享受和对"上等人"社会地位的尊崇。

时下某些人在电影、电视节目以及广告的强大鼓动下,"世味"一"浓"再"浓",疯狂地紧跟时髦生活,结果"不知不觉地陷入了金融麻烦中"。尽管他们也在努力工作,收入往往也很可观,但收入永远也赶不上层出不穷的消费产品的增多。如果不克制自己的消费欲望,不适当减弱浓烈的"世味",他们就不会有真正的快乐生活。

某报纸曾登过一篇文章。作者感慨她的一位病逝的朋友一生为物所役,终日忙于工作、应酬,竟连孩子念几年级都不知道,留下了最大的遗憾。作者写道,这位朋友为了累积更多的财富,享受更高品质的生活,终于将健康与亲情都赔了进去。那栋尚在交付贷款的上千万元的豪宅,曾经是他最得意的成就之一。然而豪宅的气派尚未感受到,他却已离开了人间。作者问:"这样汲汲营营追求身外物的人生,到底快乐何在?"

这位朋友显然也是属"世味浓"的一族，如果他能把"世味"看淡一些，简单的生活是快乐的源头，它为我们省去了欲求不得满足的烦恼，又为我们开阔了身心解放的快乐空间！

简单就是剔除生活中繁复的杂念、拒绝杂事的纷扰；简单也是一种专注，叫做"好雪片片，不落别处"。生活中经常听一些人感叹烦恼多多，到处充满着不如意；也经常听到一些人总是抱怨无聊，时光难以打发。其实，生活是简单而且丰富多彩的，痛苦、无聊的是人们自己而已，跟生活本身无关；所以是否快乐、是否充实就看你怎样看待生活、发掘生活。如果觉得痛苦、无聊、人生没有意思，那是因为不懂快乐的原因！

快乐是简单的，它是一种自酿的美酒，是自己酿给自己品尝的；它是一种心灵的状态，是要用心去体会的。简单地活着，快乐地活着，你会发现快乐原来就是："众里寻他千百度，蓦然回首，那人却在灯火阑珊处。"

做人简单，每每能找到生活的快乐，平凡是人生的主旋律，简单则是生活的真谛。

淡言淡语 >>>

简单的生活，快乐的源头，为我们省去了汲汲于外物的烦恼，又为我们开阔了身心解放的快乐空间。"简单生活"并不是要你放弃追求、放弃劳作，而是要我们抓住生活、工作中的本质及重心，以四两拨千斤的方式，去掉世俗浮华的琐务。

第七辑 闲看花开花落，漫随云卷云舒

"清醒地"活着

当你发现自己被四面八方的各种琐事捆绑得动弹不得的时候，难道你不想知道是谁造成今天这个局面？是谁让你昏睡不已？答案很明白——是你，不是别人。昏睡中忙碌着的你我，必须学会割舍，才能清醒地活着，也才能享受更大的自由。

大家都有这样的体验：从早到晚忙忙碌碌，没有一点空闲，但当你仔细回想一下，又觉得自己这一天并没有做什么事。这是因为我们花了很多时间在一些无谓的小事上，昏昏沉沉地忙碌只会让我们失去自由。

某杂志曾经刊登过一则封面故事"昏睡的美国人"，大概的意思是说：很多美国人都很难体会"完全清醒"是一种什么样的感觉。因为他们不是忙得没有空闲，就是有太多做不完的事。

美国人终年"昏睡不已"，听起来有点不可思议。不过，这并不是好玩的笑话，这是极为严肃的话题。

仔细想一想，你一年之中是不是也像美国人一样，没多少时间是"清醒"的？每天又忙又赶，熬夜、加班、开会，还有那些没完没了的家务，几乎占据了你所有的时间。有多少次，你可以从容地和家人一起吃顿晚饭？有多少个夜晚，你可以不担心明天的业务报告，安安稳稳地睡个好觉？应接不暇的杂务明显成为日益艰巨的挑战。许多人整日行色匆匆，疲惫不堪。放眼四周，"我好忙"似乎成为一般人共同的口头禅，忙是正常，不忙是不正常。试问，还有能在行程表上挤出空档的人吗？

奇怪的是，尽管大多数人都已经忙昏了，每天为了"该选择做什么"而无所适从，但绝大多数的人还是认为自己"不够"。这是最常听见的说法,"我如果有更多的时间就好了"、"我如果能赚更多的钱就好了",好像很少听到有人说:"我已经够了,我想要的更少!"

事实上,太多选择的结果,往往是变成无可选择。即使是芝麻绿豆大的事,都在拼命消耗人们的精力。根据一份调查,有50%的美国人承认,每天为了选择医生、旅游地点、该穿什么衣服而伤透脑筋。

如果你的生活也不自觉地陷入这种境地,你该怎么办?以下有三种选择:第一,面面俱到。对每一件事都采取行动,直到把自己累死为止。第二,重新整理。改变事情的先后顺序,重要的先做,不重要的以后再说。第三,丢弃。你会发现,丢掉的某些东西,其实是你一辈子都不会再需要的。

天空广阔能盛下无数的飞鸟和云,海湖广阔能盛下无数的游鱼和水草,可人并没有天空开阔的视野也没有海广阔的胸襟,要想拥有足够轻松自由的空间,就得抛去琐碎的繁杂之物,比如无意义的烦恼、多余的忧愁、虚情假意的阿谀、假模假式的奉承……如果把人生比作一座花园,这些东西就是无用的杂草,我们要学会将这些杂草铲除。

弘一法师出家前的头一天晚上,与自己的学生话别。学生们对老师能割舍一切遁入空门既敬仰又觉得难以理解,一位学生问:"老师为何而出家?"

法师淡淡答道:"无所为。"

学生进而问道:"忍抛骨肉乎?"

法师给出了这样的回答:"人世无常,如暴病而死,欲不抛又安可得?"

世上人,无论学佛的还是不学佛的,都深知"放下"的重要性。可是真能做到的,能有几人?如弘一法师这般放下令人艳羡的社会地位与大好前途、离别妻子骨肉的,可谓少之又少。

"放下"二字，诸多禅味。我们生活在世界上，被诸多事情拖累，事业、爱情、金钱、子女、财产、学业……这些东西看起来都那么重要，一个也不可放下。要知道，什么都想得到的人，最终可能会为物所累，导致一无所有。只有懂得放弃的人，才能达到人生至高的境界。

　　孟子说："鱼，我所欲也；熊掌，亦我所欲也，二者不可得兼，舍鱼而取熊掌者也。"当我们面临选择时，必须学会放弃。弘一法师为了更高的人生追求，毅然决然地放下了一切。丰子恺在谈到弘一法师为何出家时做了如下分析："我以为人的生活可以分作三层：一是物质生活，二是精神生活，三是灵魂生活。物质生活就是衣食，精神生活就是学术文艺，灵魂生活就是宗教——'人生'就是这样一座三层楼。懒得（或无力）走楼梯的，就住在第一层，即把物质生活弄得很好，锦衣玉食、尊荣富贵、孝子慈孙，这样就满足了——这也是一种人生观，抱这样的人生观的人在世间占大多数。其次，高兴（或有力）走楼梯的，就爬上二层楼去玩玩，或者久居在这里头——这就是专心学术文艺的人，这样的人在世间也很多，即所谓'知识分子''学者''艺术家'。还有一种人，'人生欲'很强，脚力大，对二层楼还不满足，就再走楼梯，爬上三层楼去——这就是宗教徒了。他们做人很认真，满足了'物质欲'还不够，满足了'精神欲'还不够，必须探求人生的究竟；他们认为财产子孙都是身外之物，学术文艺都是暂时的美景，连自己的身体都是虚幻的存在；他们不肯做本能的奴隶，必须追究灵魂的来源、宇宙的根本，这才能满足他们的'人生欲'，这就是宗教徒……我们的弘一大师，是一层层地走上去的……故我对于弘一大师的由艺术升华到宗教，一向认为当然，毫不足怪。"

　　丰子恺认为，弘一法师为了探求人生的究竟、登上灵魂生活的层楼，把财产子孙都当做身外物，轻轻放下，轻装前行。这是一种气魄，是凡夫俗子难以领会的情怀。我们每个人都是背着背囊在人生路上行走，负累的东西少，走得快，就能尽早接触到生命的真意。遗憾的是，我们想要的东西太多太多了，自身无法摆脱的负累还不够，还要给自己增添莫名的烦忧。

淡言淡语 >>>

人活一世，俗事本多，我们何苦让自己背负太多？为心灵做一次扫除，卸下负累，在人生路上你就会走得更快，就能尽早地接触到生命的真意。

潇洒来去，苦乐皆成人生"美味"

在人生旅程中，的确有很多东西都是靠努力打拼得来的，因其来之不易，所以我们不愿意放弃。比如让一个身居高位的人放下自己的身份，忘记自己过去所取得的成就，回到平淡、朴实的生活中去，肯定不是一件容易的事情。但是有时候，你必须放下已经取得的一切，否则你所拥有的反而会成为你生命的桎梏。

生命的整个过程不会总是一帆风顺，成与败、得与失，都是这过程的装饰，一路走来繁花锦簇也好，萧瑟凄凉也罢，终究会成为过眼云烟，重要的是自己心里的感受。

《茶馆》中常四爷有句台词："旗人没了，也没有皇粮可以吃了，我卖菜去，有什么了不起的？"他哈哈一笑。可孙二爷呢："我舍不得脱下大褂啊，我脱下大褂谁还会看得起我啊？"于是，他就永远穿着自己的灰大褂，没法生存，只能永远伴着他那只黄鸟。

生活中，很多人舍不得放下所得，这是一种视野狭隘的表现，这种狭隘不但使他们享受不到"得到"的幸福与快乐，反而会给他们招来杀身之祸。秦朝的李斯，就是一个很好的例证。

李斯曾经位居丞相之职，一人之下，万人之上，荣耀一时，权倾朝野，虽然当他达到权力地位顶峰之时，曾多次回忆起恩师"物忌太盛"的话，希望回家乡过那种悠闲自得、无忧无虑的生活，但由于贪恋权力和富贵，所以始终未能离开官场，最终被奸臣陷害，不但身首异处，而且殃及三族。李斯是在临死之时才幡然醒悟的，他在临刑前，拉着二儿子的手说："真想带着你哥和你，回一趟上蔡老家，再出城东门，牵着黄犬，逐猎狡兔，可惜，现在太晚了！"

心理学专家分析，一个人若是能在适当的时间选择做短暂的"隐退"，不论是自愿的还是被迫的，都是一个很好的转机，因为它能让你留出时间观察和思考，使你在独处的时候找到自己内在的真正的世界。尽管掌声能给人带来满足感，但是大多数人在舞台上的时候，其实却没有办法做到放松，因为他们正处于高度的紧张状态，反而是离开自己当主角的舞台后，才能真正享受到轻松自在。虽然失去掌声令人惋惜，但"隐退"是为了进行更深层次的学习，一方面挖掘自己的潜力，一方面重新上发条，平衡日后的生活。

某作家曾经做过杂志主编，翻译出版过许多知名畅销书，她在四十岁事业最巅峰的时候退下来选择了当个自由撰稿人，重新思考人生的出路，后来她说："在其位的时候总觉得什么都不能舍，一旦真地舍了之后，才发现好像什么都可以舍。"

事实上，全身而退是一种智慧和境界。为什么非要得到一切呢？活着就是老天最大的恩赐，健康就是财富，你对人生要求越少，你的人生就会越快乐。对于我们这些平凡人来说，能怀一颗平常善良之心，淡泊名利，对他人宽容，对生活不挑剔、不苛求、不怨恨。富不行无义，贫不起贪心，这就是一种人生的练达。

得失成败，人生在所难免；潇洒来去，苦乐皆成人生美味。

淡言淡语

人生征途上，要懂得追求，也要学会放弃，特别是在人生的关键环节上，拿得起，放得下，才能拥有美丽幸福的人生。

丢掉过高的期望

生活需要简单来沉淀。跳出忙碌的圈子，丢掉过高的期望，走进自己的内心，认真地体验生活、享受生活，你会发现生活原本就是简单而富有乐趣的。简单生活不是忙碌的生活，也不是贫乏的生活，它只是一种不让自己迷失的方法，你可以因此抛弃那些纷繁而无意义的生活，全身心投入你的生活，体验生命的激情和至高境界。

陈庆和他的妻子吴丽原来同在一家国营单位供职，夫妻双方都有一份稳定的收入。每逢节假日，夫妻俩都会带着5岁的女儿丫丫去游乐园打球，或者到博物馆去看展览，一家三口其乐融融。后来，经人介绍，陈庆跳槽去了一家外企公司，不久，在丈夫的动员下，吴丽也离职去了一家外资企业。

凭着出色的业绩，陈庆和吴丽都成了各自公司的骨干力量。夫妻俩白天拼命工作，有时忙不过来还要把工作带回家。5岁的女儿只能被送到寄宿制幼儿园里。吴丽觉得自从自己和丈夫跳到体面又风光的外企之后，这个家就有点旅店的味道了。孩子一个星期回来一次，有时她要出差，就很难与孩子相见。不知不觉中，孩子幼儿园毕业了，在毕业典礼上，她看到自己的女儿表演节目，竟然有点不认得这个懂事却可怜的孩子。孩子跟着老师学习了那么多，可是在亲情的花园里，她却像孤独的小花。频繁的加班侵占了周末陪女儿的时间，以至于平时最疼爱的女儿在自己的眼中也显得有点陌生了。这一切都让吴丽陷入了一种迷惘和不安当中。

你是否和吴丽一样经常发现自己莫名其妙地陷入一种不安之中，而找不出合理的理由。面对生活，我们的内心会发出微弱的呼唤，只有躲开外在的嘈杂喧闹，静静聆听并听从它，你才会做出正确的选择，否则，你将在匆忙喧闹的生活中迷失，找不到真正的自我。

一些过高的期望其实并不能给你带来快乐，但却一直左右着我们的生活：拥有宽敞豪华的寓所，幸福的婚姻；让孩子享受最好的教育，成为最有出息的人；努力工作以争取更高的社会地位；能买高档商品，穿名贵的时装；跟上流行的大潮，永不落伍。要想过一种简单的生活，改变这些过高期望是很重要的。富裕奢华的生活需要付出巨大的代价，而且并不能相应地给人带来幸福。如果我们降低对物质的需求，改变这种奢华的生活时尚，我们将节省更多的时间充实自己。清闲的生活将让人更加自信果敢，珍视人与人之间的情感，提高生活质量。幸福、快乐、轻松是简单生活追求的目标。这样的生活更能让人认识到生命的真谛所在。

一个夏天的夜晚，小和尚对师父说："我如何才能让自己的慧心常驻不灭？"师父微微一笑，反问道："你认为呢？"小和尚摇摇头。师父站起来对他说："你随我来。"于是，小和尚便随师父到了寺院的园子里。师父站定，盯着一株待开的昙花，小和尚也默默地注视着，过了一会儿，只听那昙花噼噼啪啪的，没有几分钟就将自己的美丽一展无遗。而其他的花，却几乎看不到那开放时的样子。到了清晨，昙花那惊艳的美渐渐消逝,而其他的花却在太阳的抚慰下,依然默默地展现着自己的美。小和尚一下子明白了师父的用意。知道了安守平淡的可贵。

发生在人与人之间的爱情也是如此。

有一种爱情像烈火般燃烧,刹那间放射出的绚丽光芒,能将两颗心迅速融化;也有一种爱情像春天的小雨,悄无声息地滋润着对方的心灵。前者激烈却短暂,后者平淡却长久。其实,生活的常态是平淡中透着幸福,爱情归于平淡后的生活虽然朴实但很温馨。

爱不在于瞬间的悸动,而在于共同的感动与守候。

有一对中年夫妇,是朝九晚五的上班一族。每天早上,先生都扛着自行车下楼,妻子拿着包,一手拿一个男式公文包,一手挎个女式包。走出楼梯口以后,先生放定了自行车,接过妻子手中的两个包,把它们放在车筐里,然后再仔细地调试一下车铃、刹车;再回头让妻子在车后座坐稳了,最后才跨上车用力一蹬,车子载着他们平稳地向前驶去。

先生从来都不会忘记回过头关照一下他的妻子,只见她如小公主一般幸福地坐在车后座上,双手优雅地搂着丈夫的腰,脸上洋溢着满足。先生举手投足间则透着对妻子的关爱,而妻子满脸的幸福也是对丈夫最好的报答。

几十年来,无数个朝朝暮暮,他们都是这么平静地生活着。岁月在他们脸上毫不留情地留下了皱纹,然而他们的心却依然年轻,仿佛还是热恋中的少男少女。骑着自行车的男人对妻子的爱虽然谈不上奢侈,但却是最朴实、最真切、最贴心的,它细微而持久,有如三月春雨沥沥地轻洒在妻子的心田。

这就是地老天荒的爱情,不必刻意追求什么轰轰烈烈的感觉;生活的点滴之中,就有一种"执子之手,与子携老"的默契。细水长流的爱情，像春风拂过，轻轻柔柔，一派和煦，让人沉醉入迷。

耀眼的烟花很美，可那瞬间的绽放之后，就不再留存任何开放的痕迹。平淡之中的况味才值得细细体味。因为那才是生活真实的滋味。

淡言淡语

生命是一种轮回。人生之旅，去日不远，来日无多，权与势、名与利……统统都是过眼烟云，只有淡泊才是人生的永恒。

活得随意些

成功是我们一生追求的目标，可是在人生的路上，衡量成功还是失败绝非只有结果这个唯一的标准，并且我们还应该考虑一下，盯着这个"成功"付出了怎样的代价，是得大于失，还是失大于得。

一位天文学家每天晚上外出观察星象。

一天晚上，他在市郊慢慢前行时，不小心掉进一口枯井里。他大声呼救。

正巧一个过路的和尚听见了，急忙赶过来救他。和尚看见天文学家的狼狈样，不禁感叹道："施主，你只顾探索天上的奥秘，怎么连眼前的普通事物也视而不见了？"

那天文学家却说："对于我而言，探索到天上的奥秘是我的梦想，也标志着我人生的成功。"和尚只有无奈地摇头。

对成功的定义，应该说是仁者见仁，智者见智。有的人认为腰缠万贯才是成功，可是财富却往往与幸福无关。纽约康奈尔大学的经济学教授罗伯特·弗兰克说：虽然财富可以带给人幸福感，但并不代表财富越多人越快乐。一旦人的基本生存需要得到满足后，每一元钱的增加对快乐本身都不再具有任何特别意义，换句话说，到了这个阶段，金钱就无法换算成幸福和快乐了。

如果一个人在拼命追求金钱的过程中，忽略了亲情，失去了友谊，也放弃了对生命其他美好方面的享受，到最后即便成了亿万富翁，不也难以摆脱孤独和迷惘的纠缠吗？所以并非是金钱决定了我们的愿望和需求，而是我们的愿望和需求决定了金钱和地位对我们的意义。你比陶渊明富足一千倍又怎么样，你能得到他那份"采菊东篱下，悠然见南山"的怡然吗？

在美国新泽西州，有一位叫莫莉的著名兽医劝告人们向动物学习。她拿鸟做例子说："鸟懂得享受生命。即使最忙碌的鸟儿也会经常停在树枝上唱歌。当然，这可能是雄鸟在求偶或雌鸟在应和，不过，我相信它们大部分时间是为了生命的存在和活着的喜悦而欢唱。"

可是作为万物之灵长的人类，在对待生命的态度上却未必能有这种豁达，有的人穷其一生，都无法达到这样的境界。有的人认为，得到了金钱就得到了幸福，这是多么可笑的想法！可见，他们并不知道金钱和幸福是没有必然联系的。有了金钱，并不一定就会带来幸福，反而因为金钱而引发不幸的事例比比皆是。

还有的人认为只有拥有了盛名，才意味着成功。殊不知，功名利禄不过是过眼烟云，生命的辉煌恰恰隐藏在平凡生活的点滴之中。也有的人认为权倾一时就是成功，更有的人认为出类拔萃才是成功，平庸就意味着失败，可是生活的真实却往往是有些人看起来不怎么样，活得却是挺来劲儿。哥伦比亚大学的政治学教授亚力克斯·迈克罗斯发现，那些脚踏实地、实事求是的人往往比那些好高骛远的人快乐得多。

其实谁也不至于活得一无是处，谁也不能活得了无遗憾。一个人不必太在乎自己的平凡，平凡可以使生命更加真实；一个人不必太在乎未来会如何，只要我们努力，未来一定不会让我们失望；一个人不必太在乎别人如何看自己，只要自己堂堂正正，别人一定会对我们尊重；一个人不必太在乎得失，人生本来就是在得失间徘徊往复的。

一个人要想生活得快乐，就要学会根据自己的实际情况来调整奋斗目标，适当压制心底的欲望。不要因为自己才质平庸而闷闷不乐，生活中，智慧与快乐并无联系，反倒是"聪明反被聪明误"、"傻人有傻福"的例子俯拾皆是。

很多人年轻的时候无忧无虑地生活，虽然没有钱，没有名，没有地位，但是他们真地很快乐，什么都不用想，只做自己喜欢做的事情，可是当他们开始追求人人向往的传说能带给他们幸福快乐的各种东西之后，却渐渐地发现自己不得不放弃那些他们喜欢做的事情了，而他们得到的却并没有给他们带来多少快乐，带来的反而是负担，压得他们无法追求别的东西，压得他们无法轻松地面对自己真正的梦想。这时他们往往会痛苦不堪地一遍一遍地问自己："为什么得到的都是我不想要的，而我想要的却总是得不到？"

其实，从某种意义上讲，人生中，一个男人最大的成功是有一个好妻子，一个女人最大的成功是有一个好孩子，一个孩子最大的成功是能心理和生理都健康地成长。这才是最踏实最快乐的成功诠释。

淡言淡语 >>>

人生是公平的，你要活得随意些，或许就只能活得平凡些；你要活得辉煌些，或许就只能活得痛苦些；你要活得长久些，或许就只能活得简单些。

饥来吃饭，困来即眠

天气晴朗时，是享受阳光的最好时刻。让自己时刻都处在好心情之中，不要总是强迫自己去想那些烦闷的事情，这样你就会拥有快乐的生活。

江南初春常有一段阴雨连绵的天气，很冷、很潮湿，这种天气通常会让人觉得沮丧，提不起兴趣。

但是，有一天早上，天气突然转晴了。虽然还有一些湿润的感觉，但空气很清新，而且很暖和，你简直无法想象还会有比这更好的天气。

悦净大师喜欢这样的天气，觉得它总是让人产生各种各样的遐想，而且会让人对生命充满信心。

站在阳光明媚的街道上，悦净大师静静看着来往的人群，内心平静，但有一丝不易察觉的快乐在心底洋溢。

这时，一个年约50岁的男人从远处走来，臂弯里放着皱皱的雨衣。当男人走近时，悦净大师快乐地向他打招呼："阿弥陀佛！今天天气很不错，对吗？"

然而，这个男人的回答却出乎悦净大师的意料，他几乎是极为厌恶地对悦净大师说："是的，天气是不错。但是在这样的天气里，你简直不知道该穿什么衣服才合适！"

悦净大师不知道该如何回答他，只是看着他很快地离开了。

或许生活中有很多不尽如人意的地方，但抱怨又能解决什么？莫不如放平心态，去享受生活给予我们的一切，你会发现，原来"天气"一直不错。

很多时候，我们总是觉得生活亏待了自己，所以总是对生活怀有很大的怨气。这些怨气发泄出来的时候，又会牵连到我们身边的人，于是很多无缘无故的争执，破坏了我们生活的和谐。

两个孤儿都被来自欧洲的外交官家庭所收养。两个人都上过世界上有名的学校。但他们两个人之间存在着不小的差别：其中一位是40岁出头的成功商人，他实际上已经可以退休享受人生了；而另一个是学校教师，收入低，并且一直觉得自己很失败。

有一天，他们一起去吃晚饭。晚餐在烛光映照中开场了，他们开始谈论在异国他乡的趣闻轶事。随着话题的一步步展开，那位学校教师开始越来越多地讲述自己的不幸：她是一个如何可怜的孤儿，又如何被欧洲来的父母领养到遥远的瑞士，她觉得自己是世界上最孤独的。

开始的时候，大家都表现出同情。随着她的怨气越来越重，那位商人变得越来越不耐烦，终于忍不住制止了她的叙述："够了，你一直在讲自己有多么不幸。你有没有想过如果你的养父母当初在成百上千个孤儿中挑了别人又会怎样？"学校教师直视着商人说："你不知道，我不开心的根源在于……"然后接着描述她所遭遇的不公正待遇。

最终，商人朋友说："我不敢相信你还在这么想！我记得自己25岁的时候无法忍受周围的世界，我恨周围的每一件事，我恨周围的每一个人，好像所有的人都在和我作对似的。我很伤心无奈，也很沮丧。我那时的想法和你现在的想法一样，我们都有足够的理由抱怨"他越说越激动，"我劝你不要再这样对待自己了！想一想你有多幸运，你不必像真正的孤儿那样度过悲惨的一生，实际上你接受了非常好的教育。你负有帮助别人脱离贫困漩涡的责任，而不是找一堆自怨自艾的借口把自己围起来。在我摆脱了顾影自怜，同时意识到自己究竟有多幸运之后，我才获得了现在的成功！"

那位教师深受震动。这是第一次有人否定她的想法，打断了她的凄苦回忆，而这一切回忆曾是多么容易引起他人的同情。

商人朋友很清楚地说明他二人在同样的环境下历经挣扎，而不同的是他通过清醒的自我选择，让自己看到了有利的方面，而不是不利的阴影，"凡墙都是门"，即使你面前的墙将你封堵得密不透风，你也依然可以把它视作你的一种出路。

琐碎的日常生活中，每天都会有很多事情发生，如果你一直沉溺在已经发生的事情中，不停地抱怨，不断地自责，长此下去，你的心境就会越来越沮丧。只懂得一味抱怨的人，注定会活在迷离混沌的状态中，看不见前头亮着一片明朗的人生天空。

做人，还是活得洒脱一些好，一如佛家所云："饥来吃饭，困来即眠，便是禅了。"

淡言淡语 >>>

人生就是这样的，你坦然面对，就会突然发现：天没放晴，只是因为雨没下透，下透了，自然就晴了。人要学会控制自己的情绪，跟家人和朋友一起，享受坦然的生活，追逐自然的幸福。

让生活粗糙点

休息了两天，星期一上班，却见同事无精打采，一脸倦容。问其何故，答曰：整理房间，清理柜橱，大清扫，洗衣服、被褥、床单、窗帘、擦门窗、桌柜、地板，两天没闲着，比上班还累。这同事家曾经去过，异常地干净，名副其实的一尘不染，简直可以和星级酒店媲美。

但正如某广告词所言,能够有一个五星级的家固然是好,可是要看看付出的代价是不是太大。有的人为了装饰一个值得自豪的家,省吃俭用,置办高档家什,有了够星级的家,又得打扫除尘,天天忙个不停,这并不是一件合算的事。记得有一位名人曾经说过:并非所有的事情都值得全心全意去做。从这个意义上说:人,不如活得粗糙一点儿。家是休息的地方,相对舒适整洁一些就可以了。

活得粗糙点,就是多爱自己一点。家务活少干一点,朋友也不必多多益善。人说,多个朋友多条路,其实,也并不完全是那么回事。有时,朋友太多了并不见多了路,反而多了许多负担。世界太大了,想做的事太多了,可是人生太有限了,能做得过来吗?

一位留学生与同学在洛杉矶的朋友路易斯家吃饭,分菜时,路易斯有些细节问题没有注意,客人倒没注意,而且即使发现也不会在意。可是主人的妻子竟毫不留情地当众指责他:"路易斯,你是怎么搞的!难道这么简单的分菜,你就永远都学不会吗?"接着她又对众人说,"没办法,他就是这样,做什么都糊里糊涂的。"

诚然,路易斯确实没有做好,但这……该留学生真佩服这位美国友人,竟然能与妻子相处10余年而没有离婚。在他看来,宁可舒舒服服地在北京街头吃肉夹馍,也不愿意一面听着妻子唠叨,一面吃鱼翅、龙虾。

不久后,该留学生和妻子请几位朋友来家中吃饭。就在客人即将登门之时,妻子突然发现有两条餐巾的颜色无法与桌布相匹配,留学生急忙来到厨房,却发现那两条餐巾已经送去消毒了。这怎么办?客人马上就要到了,再去买显然已经来不及了,夫妻二人急得团团转。但他转念一想:"我为什么要让这个错误毁了一个美好的晚上呢?"于是,他决定将此事放下,好好享受这顿晚餐。

事实上他做到了，而且，根本就没有一个人注意到餐巾的不匹配问题。

狄士雷曾经说过："生命太短暂，无暇再顾及小事。"其实，我们根本没有必要把所有事情都放在心上，做人不妨糊涂一点，将那些无关紧要的烦恼抛到九霄云外，如此，你会发现，生命中突然多了很多阳光。

乡村有一对清贫的老夫妇，有一天他们想把家中唯一值点钱的马拉到市场上去换点更有用的东西。老头牵着马去赶集了，他先与人换得一头母牛，又用母牛去换了一只羊，再用羊换来一只肥鹅，又用鹅换了母鸡，最后用母鸡换了别人的一口袋烂苹果。

在每次交换中，他都想给老伴一个惊喜。

当他扛着大袋子来到一家小酒店歇息时，遇上两个英国人。闲聊中他谈了自己赶集的经过，两个英国人听后哈哈大笑，说他回去准得挨老婆子一顿揍。老头子坚称绝对不会，英国人就用一袋金币打赌，三人于是一起回到老头子家中。

老太婆见老头子回来了，非常高兴，她兴奋地听着老头子讲赶集的经过。每听老头子讲到用一种东西换了另一种东西时，她都充满了对老头的钦佩。

她嘴里不时地说着："哦，我们有牛奶喝了！"

"羊奶也同样好喝。"

"哦，鹅毛多漂亮！"

"哦，我们有鸡蛋吃了！"

最后听到老头子背回一袋已经开始腐烂的苹果时，她同样不愠不恼，大声说："我们今晚就可以吃到苹果馅饼了！"

结果，英国人输掉了一袋金币。

不要为失去的一匹马而惋惜或埋怨生活，既然有一袋烂苹果，就做一些苹果馅饼好了，这样生活才能妙趣横生、和美幸福，而且，你才有可能获得意外的收获。

淡言淡语 >>>

人常说难得糊涂，在细枝末节上粗糙点，留着精力、留着体力去做真正有意义的事情，你的人生岂不是更有价值？

不要等砖块丢过来

我们一生劳碌奔波，却总忘记要找个地方安定下来停一停，到最后骑驴也会被驴踢。

日休禅师曾经说过："人生只有三天，活在昨天的人迷惑，活在明天的人等待，只有活在今天最踏实。"但是他又告诫人们："今天，你别走得太快，否则，将会错过一路的好风景！"

现代人看起来实在太忙了，许多人在这忙碌的世界上过活，手脚不停，一刻不得空闲，生命一直往前赶；他们没有时间停一停，看一看，结果，使这原本丰富美丽的世界变得空无一物，只剩下分秒的匆忙、紧张和一生的奔波、劳累。

一天，一位年轻有为的总裁，开着他新买的车经过住宅区的巷道。他时刻小心在路边游戏的孩子会突然跑到路中央，所以当他觉得小孩子快跑出来时，就减慢车速，以免撞人。

就在他的车经过一群小朋友身边的时候，一个小朋友丢了一块砖头打到了他的车门，他很生气地踩了刹车后并退到砖头丢出来的地方。他跳出车，用力地抓住那个丢砖头的小孩，并把他顶在车门上说："你为什么这样做，你知道你刚刚做了什么吗？真是个可恶的家伙！"接着又吼道，"你知不知道你要赔多少钱来修理这辆新车，你到底为什么要这样做？"

小孩子央求着说："先生，对不起，我不知道我还能怎么办？我丢砖块是因为没有人肯把车子停下来。"他边说边流下了眼泪。

他接着说："因为我哥哥从轮椅上掉了下来，我一个人没有办法把他抬回去。您可以帮我把他抬回去吗？他受伤了，而且他太重了我抱不动。"

这些话让这位年轻有为的总裁深受触动，他抱起男孩受伤的哥哥，帮他坐回轮椅。并拿出手帕擦拭他哥哥的伤口，以确定他哥哥没有什么大问题。

那个小男孩万分感激地说："谢谢您，先生，上帝会保佑您的！"

年轻的总裁慢慢地、慢慢地走回车上，他决定不修它了。他要让那个凹坑时时提醒自己："不要等周遭的人丢砖块过来了，才注意到生命的脚步已走得太快。"

当生命想与你的心灵窃窃私语时，若你没有时间，你应该有两种选择：倾听你心灵的声音或让砖头来砸你、提醒你！

有一位老人，年轻的时候汲汲营营，每天都工作超时，拼命地赚钱。

节假日，同事们带孩子去度假，他却到小贩朋友的店铺帮忙，以赚取额外收入。原本计划在还完房屋贷款后，便带孩子们到邻近的泰国玩玩。可是，三个孩子慢慢长大，学费、生活费也越来越高。于是他更不敢随意花钱，便搁下游玩一事。

大儿子大学毕业典礼后一个星期，夫妻俩打算到日本去探亲。可是，在起程前两天的早晨，醒来时，他突然发现枕边的老伴心脏病发作，一命归天了。

这是怎样的遗憾？你是否也因为生活节奏太快、太忙碌而忽略了你所爱的人呢？

其实，人不是赛场上的马，只懂得戴着眼罩拼命往前跑，除了终点的白线之外，什么都看不见。我们不必把每天的时间都安排得紧紧的，应该留下空闲来欣赏四周的风景，来关心身边的人。

淡言淡语 >>>

辛苦而繁忙的人生，常让我们忽视了生命中最宝贵的东西，珍惜你现在所拥有的，不要等一切成为过去时，再想着去挽回，到那时，一切都已经来不及了……

第八辑
身居红尘闹市，任心一片清净

热闹场亦可作道场；只要自己丢下妄缘，抛开杂念，哪里不可宁静呢？如果妄念不除，即使住在深山古寺，一样无法修行。

每天让自己沉静几分钟，不要随着外在事物的流转而变动，不要放弃洗涤自己、净化自己。把心放在可以安定的位置，任凭风浪起，稳坐钓鱼台！你且静看那莲花初绽，出于淤泥，却依旧心净气洁，不染尘丝。

还心一片清净

好人不是装出来的，一个真正善良的、受人尊敬的人首先要有一颗纤尘不染的心。外界的环境可以藏污纳垢，但我们的内心不能同流合污。心静则明白事理，心净则无愧己心。轻轻松松、清清爽爽的好人，先从净化自己的内心开始。

禅师与一位小沙弥在庭院里散步，突然刮起了一阵大风，从树上落下了好多树叶，禅师就弯下腰，将树叶一片片地捡了起来，放在口袋里。站在一旁的小沙弥忍不住劝说道："师父！您老不要捡了，反正明天一大早，我们都会把它打扫干净的。您没必要这么辛苦的。"

禅师不以为然地说道："话不是你这样讲的，打扫叶子，难道就一定能扫干净吗？而我多捡一片，就会使地上多一分干净啊！而且我也不觉得辛苦呀！"

小沙弥又说道："师父，落叶这么多，您在前面捡，它后面又会落下来，那您要什么时候才能捡得完呢？"

禅师一边捡一边说道："树叶不光是落在地面上，它也落在我们心地上，我是在捡我心地上的落叶，这终有捡完的时候。"

小沙弥听后，终于懂得禅者的生活是什么。之后，他更是精进修行。

佛陀有一位弟子本性愚笨，怎么教都记不住，连一首偈，他都是念前句忘后句，念后句忘前句的。

一天，佛陀问他："你会什么？"

弟子惭愧地说道："师父，弟子实在愚钝，辜负了您的一番教诲，我只会扫地。"

佛陀拍拍他的肩头说:"没有关系,众生皆有佛性,只要用心你一定会领悟的。我现在教你一偈,从今以后,你扫地的时候用心念'拂尘扫垢'。"

听了佛陀的话,弟子每次扫地的时候都很用心地念,念了很久以后,突然有一天他想道:"外面的尘垢脏时,要用扫把去扫,而内心污秽时又要怎样才能清扫干净呢?"

就这样,弟子终于开悟了。

禅师的捡落叶,不如说是捡去心中的妄想烦恼。大地山河有多少落叶且不必去管它,而人心里的落叶则是捡一片少一片。禅者,只要当下安心,就立刻拥有了大千世界的一切。

儒家主张凡事求诸己,日省吾身三次;禅者则认为随其心净则国土净,故有情众生都应随时随地除去自己心上的落叶,即所谓"拂尘扫垢",还自己一片清净。

人心就好比一面镜子,只有拭去镜面上的灰尘,镜子才能光亮,才能照清人的本来面目;所以,一个人也只有常常拭去心灵上的尘埃,方能露出其纯真、善良的本性来。

生活中,财、色、利、贪、懒……时刻潜伏在我们的周围,像看不见的灰尘一样无孔不入。时间长了,不去清扫,人的心上就会积着厚厚的一层,灵智被蒙蔽了,善良被遮挡了,纯真亦不复见。

那些尘埃,颗粒极小、极轻。起初,我们全然不觉得它们的存在,比如一丝贪婪、一些自私、一点懒惰,几分嫉妒、几缕怨恨、几次欺骗……这些不太可爱的意念,像细微的尘灰,悄无声息地落在我们心灵的边角,而大多数的人并没注意,没去及时地清扫,结果越积越厚,直到有一天完全占满了内心,再也找不到自我。

落叶之轻，尘埃之微，刚落下来的时候难有感觉，但是存得久了，积得多了，清理起来就没那么容易了。在生命的过程中，也许我们无法躲避飘浮着的微尘，但千万不要忘记拂去，只有这样，我们的心灵才会如生命之初那般清洁、明净、透明！

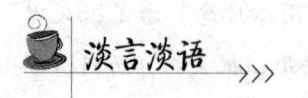

淡言淡语

一切污浊皆源于心，有时一点小小的污垢就足可以令人误入歧途。时时检查自己的心灵，切莫让那本是洁净的心灵蒙尘。

依本性处事

禅宗认为，人们先天就具有一种觉悟本性，而这种觉悟本性本来就是洁净无瑕、没有蒙受世俗间的尘埃污染的；又言"但用此心，直了成佛"，其实，人们的一切行为都来源于这种本性，一旦依照这种本性处事，得到的结果往往就是成功。

达摩祖师曾经做过一偈，名为《一花开五叶》，说的就是一种追求本性，结果自然成的境界。

吾本来兹土，传法救迷情。

一花开五叶，结果自然成。

许多事因为人们刻意地介入而变糟，人治强调的恰恰与事物的本质相抵触，违背了事物本身发展的客观规律。在万物面前，人们应该保持尊重、虔诚的态度，不要硬性地打上个人的烙印。不必要的机巧和智慧要退后了，这样更有利于事物的发展，减少人生的磨难。

东汉时期，新蔡县是一个很穷的地方，每年的朝贡根本交不上来，因此朝廷撤掉了许多新任蔡县县令。

吴祐在任新蔡县县令时，有人曾给他出了很多治理百姓的点子，吴祐却无一采纳，他说："现在不是措施不够，而是措施太多了。每一任县令都想有所作为，随意改动新蔡县的制度、法令，将自己的想法强加到百姓身上，百姓都被弄得无所适从了。"

吴祐上任之后不但没有提出新的主张，而且还废除了许多不合理的规章，他召集百姓说："我这个人没有什么本事，凡事要依靠你们自己的努力，只要有利于发展生产的，你们尽可按照自己的方法去做，我不但不干涉，还会尽力地帮助你们。"

吴祐不干涉百姓的生产生活，又严命下属不许骚扰百姓。闲暇的时候，他整日在县衙中看书写字，十分轻闲。

有人将吴祐的作为报告给了知府，说他不务公事，偷懒放纵。知府于是把他召来，当面责备他："听说你无所事事，日子过得分外自在，难道这是你应该做的吗？"

吴祐回答说："新蔡县贫穷困顿，只因从前的县令约束太多，才造成今天的这种局面。官府重在引导百姓，取得他们的信任，没有必要凡事躬亲，把一切权力都抓到自己手里。我这样做是要调动他们的积极性，让百姓休养生息，进而达到求治的目的。我想不出一年，你就可以看到效果了。"

一年之后，新蔡县果然面貌一新，粮食有了大幅增长，社会治安也明显好转。知府到新蔡县巡视一遍，对吴祐说："古人说无为而治，今日我是亲眼见到了。从前我错怪了你，现在想来实在惭愧。"

所谓的治理，并不在治而在于理，如何将人们固有的那种本性理顺、理通，能够达到一种结果自然成的状态，自然就会不治而治了。

有一个县太爷，为了教化民心，计划重新修建县城当中两座比邻的寺庙。公示一经张贴，前来竞标的队伍十分踊跃。经过层层筛选，最后两组人马中选：一组为工匠，另外一组则为和尚。

县太爷说："各自整修一座庙宇，所需的器材工具，官家全数供应。工程必须在最短的时日完成，整修成绩要加以评比，最后得胜者将给以重赏。"

此时的工匠团队，迫不及待地请领了大批的工具以及五颜六色的油漆、彩笔，经过全体工匠不眠不休的整修与粉刷之后，整座庙宇顿时恢复了雕梁画栋、金碧辉煌的面貌。

另一方面，却见和尚们只请领了水桶、抹布与肥皂，他们只不过是把原有的庙宇廊柱门窗擦拭明亮而已。

工程结束时，已到了日落时分，正是评比揭晓的关键时刻。这时，天空中所照射下来的落日余晖，恰好把工匠寺庙上的五颜六色辉映在和尚整修的庙上。

霎时，和尚所整修的庙宇，呈现出柔和而不刺眼、宁静而不嘈杂、含蓄而不外显、自然而不做作的高贵气质来，与工匠所整修的令人眼花缭乱的颜色，形成非常强烈的对比。

事实上，庙的功能为一个心灵的故乡，是一个净化心灵的场所，太过于华丽铺陈，反而会失去其真正的功能。依照庙本身的样子建造出来的庙宇才能称之为庙宇，倘若用华丽的砖瓦来建造庙宇，那就变成了皇宫而非庙宇了，做人处事也本该如此。

淡言淡语 >>>

人之本性，就是最简单、最直率、最自然、最纯净的想法与需求！不拘于形式，率直地依照本性去做，自然就是无错了！

做最真的自己

　　凡尘俗世的纷繁芜杂使我们渐染失于心性的杂色。每一次的呈现都多了一点修饰，每一次的语言都少了一分真实。习惯于疲惫的伪装，总以为这样就可以赢得更多，过得更好。蓦然回首，那些希冀着的，仍需希冀，那些渴盼着的，仍需渴盼。唯独改变了的是自己的本性。扪心自问："我是否在意过自己最真实的内心世界？尊重过自己的本性？"心会告诉你那个最真实的答案。有多少人曾想过改变自己，以追逐想要的一切，到头来才发现，自己做了一个邯郸学步的寿陵少年，不仅没有得到自己想要的，还丢了自己最初拥有的。那么，当初为什么就不能尊重自己的本性，做那个最真的自己？也许正是因为没有彻悟。

　　文喜禅师去五台山朝拜。到达前，晚上在一茅屋里住宿，茅屋里住着一位老翁。文喜就问老翁："此间道场内容如何？"

　　老翁回答道："龙蛇混杂，凡圣交参。"

　　文喜接着问："住众多少？"

　　老翁回答："前三三、后三三。"

　　文喜第二天起来，茅屋不见了，只见文殊骑着狮子步入云中，文喜自悔有眼不识菩萨，空自错过。

　　文喜后来参访仰山禅师时开悟，安心住下来担任煮饭的工作。一天他从饭锅蒸汽中又见文殊现身，便举铲打去，还说："文殊自文殊，文喜自文喜，今日惑乱我不得了。"

　　文殊说偈云："苦瓜连根苦，甜瓜彻蒂甜，修行三大劫，却被这僧嫌。"

第八辑　身居红尘闹市，任心一片清净

203

有时我们总把眼光放在外界，追逐于自己所想的美好事物，常常忽视了自己的本性，在利欲的诱惑中迷失了自己。所以才终日心外求法，因此患得患失。如果能明白自己的本性，坚守自己的心灵领地，又何必自悔自恼呢？

一组曾获世界大赛金奖的漫画画出了深意：第一幅是两个鱼缸里对望的鱼，第二幅是两个鱼缸里的鱼相互跃进对方的鱼缸，第三幅和第一幅一模一样，换了鱼缸的鱼又在对望着。

我们常常会羡慕和追求别人的美丽，却忘了尊重自己的本性，稍一受外界的诱惑就可能随波逐流，事实上，每一个人都有自己独有的优点和潜力，只要你能认识到自己的这些优点，并使之充分发挥，你也必能成为某一领域的领军人物。

王羲之的伯父王导的朋友太尉郗鉴想给女儿择婿。当他知道丞相王导家的子弟个个相貌堂堂，于是请门客到王家选婿。王家子弟知道之后，一个个精心修饰，规规矩矩地坐在学堂，看似在读书，心却不知飞到哪儿去了。唯有东边书案上，有一个人与众不同，他还像平常一样很随便，聚精会神地写字，天虽不热，他却热得解开上衣，露出了肚皮，并一边写字一边无拘无束地吃馒头。当门客回去把这些情形如实告知太尉时，太尉一下子就选中了那个不拘小节的王羲之。

结果如此，是因为太尉认为王羲之是一个敢露真性情的人。他尊重自己的本性，不会因外界的诱惑而屈从盲动，这样的人可成大器。

所以，做人没有必要总是做一个跟从者、一个旁观者，只需知道自己的本性就足可以成为一道风景。不从外物取物，而从内心取心，先树自己，再造一切，这才是你首先要做的。

淡言淡语

真我本性常因外物污染而迷惑，进而丧失真我，于是红尘中纷扰迭出。摒除善恶得失的相对价值观念，超越绝对便可发现本性！因为禅即是佛，禅即是道也，禅完全超越了理性与反理性！人只有返璞归真，恢复真我本性，才能跳出轮回的苦海。

平心静气，涤去杂念

只要我们能够静下心来，便可以聆听到外界的很多声音，一如风过竹林的簌簌声、雨打芭蕉的滴答声、窗外鸟叫虫鸣的啾啾声……人的心，多在静时较为敏锐，由此，外面的境界亦历历可辨。倘若我们在静谧之中能够多用些心，智慧便会从中而生。

某人在家中遗失了一只名贵手表，内心十分焦急，遂请亲朋好友帮忙寻找。

于是，众人七手八脚地忙活起来，但凡家中的瓶瓶罐罐、箱箱柜柜都翻了个遍，依旧毫无所获。最后，众人都累得气喘吁吁，只好稍作休息。手表主人感到非常沮丧，这时一位年轻人自告奋勇，要独自再去寻找。

他要求众人在房外等候，独自走进了房间，却坐在床上一动不动。

众人感到非常诧异——他不是要找手表吗，怎么一直不见他有所行动？所以大家也都静静地看着这位年轻人，想知道他葫芦里究竟卖的是什么药。

过了片刻，年轻人突然起身钻入床下，出来时手中拎着一只手表。

大家又喜又惊，纷纷问他："你怎么会知道手表在床下呢？"

年轻人莞尔一笑："当心静下来时，就可以听到手表的嘀答声，自然便知道它在哪儿了。"

心静，是人生的一种境界，亦是一种智慧、一种思考，更是人生成功的必要前提。若想做到心静，就必须具备一种豁达自信的素质，具备一分恬然和难得的悟性。

印度著名诗人泰戈尔曾经说过："给鸟儿的翅膀缚上金子，它就再也不能直冲云霄了。"这个纷纷扰扰的大千世界处处充斥着诱惑，一个不留神，就会在我们心中激起波澜，致使原来纯净、澄清、宁静的心灵泛起喧哗和浮躁，我们就会在人生的道路上迷失方向。正所谓"心宁则智生，智生则事成"，平心静气，心无杂念才是我们成功的关键所在。

某人祖辈以屠猪卖肉为生，至他时已传承三代，在30年的卖肉生涯中，他练就了"一刀准"的绝技。他在卖肉时，身旁虽放有一台电子秤，但却很少用到。有人买肉，只要说出斤两，他便笑眯眯地点点头，说声"好嘞！"手起刀落，再用刀尖轻轻一挑，猪肉在空中划出一道弧线，便稳稳地落在张开的塑料袋中，然后自信地说一声："保证分毫不差，少一两，赔一斤！"有人不信邪，将肉放在电子秤上一称，果然是分毫不差。

这一年，当地电视台举办"绝技"挑战大赛。于是便有人劝他："你那'一刀准'绝对称得上是绝技，如果你去参赛，捧个头奖准不成问题。"该人心动了，依言去报了名。

比赛那天，主持人宣布："现在请某师傅给我一刀切2斤7两肉，要一两不多，一两不少。如果切准了，那2万元奖金就属于您了！"该人闻言点了点头，小心翼翼地拿起切刀，但他左比量右比量，却迟迟不敢下手，额头上甚至还渗出了细细的汗珠。过了片刻，在主持人的一再催促之下,他咬紧牙,一刀切了下去。而后放在电子秤上一称——2斤8两半,整整多出1两半……

原本精湛无双的刀艺,为何会在这一刻失准呢?很明显,就是那2万元奖金扰乱了他的心神,从而使他无法发挥出自己真实的水平。

三国传奇人物诸葛亮在54岁时写下了《诫子书》,他在书中告诫自己8岁的儿子诸葛瞻:"学须静也,才须学也。非学无以广才,非静无以成学。"在诸葛亮看来,心不静则必然理不清,理不清则必然事不明,人一旦心乱,就会失去理智,陷入迷茫。相反,人心若能进入"静"的境界,就会豁然开朗,人生便多了一些祥和,少了一些纷争;多了一些福事,少了一些灾祸。

淡言淡语 >>>

我们做人,唯有高树理想与追求,淡看名利与享受,才能处身于浮华尘世而独守心灵的一方净土;才能坦对世间种种诱惑而心平如镜不泛一丝波澜。须知,唯有保持心的清静,我们才能书写一段精彩的人生。

超脱俗欲羁绊

富而不悦者常有,贪而忌忧者亦多。安贫乐道,不为物欲所驱,方能具入世之身而怀出世之心。

从前有个阿育王,是位大功德主。

他有一个弟弟出家修行得道,阿育王非常欢喜,稽首礼敬,希望弟弟能长期住在皇宫，接受他的供养。但是弟弟却认为："世间的五欲——财、色、名、食、睡，是修禅者至大的障碍，必须弃除，我们的心才能拥有真正的宁静与自在。我依山傍水，清心寡欲，自在如水中游鱼、空中飞鸟，为什么你要把我再次推入世间的泥沼呢？"

阿育王说："在皇宫里，你也可以很自在呀？没有人敢阻碍你的。"弟弟却说："我住在寂静的林野，有十种好处：一、来去自在。二、无我、无我所。三、随意所往，无有障碍。四、欲望减弱，修习寂静。五、住处少欲少事。六、不惜身命，为具足功德故。七、远离众闹市。八、虽行功德，但不求恩报。九、随顺禅定，易得一心。十、于空住，无障碍想。这些都是皇宫里所不具有的。"

阿育王面露难色地说："话是不错，可是你是我的弟弟，我怎么忍心让你这样吃苦呢？""我一点都不觉这样是苦，反而觉得很快乐。我已经脱离了人间的桎梏，为什么你又要让我再戴上五欲的锁链呢？我终日与自然万物同呼吸，与山色共眠起，我以禅悦为食，滋养性命。你却要我高卧锦绣珠玉的大床，可知我一席蒲团，含纳山河大地、日月星光之灵气。常行晏坐，有十种利益：一、不贪身乐。二、不贪睡眠乐。三、不贪卧具乐。四、无卧着席褥苦。五、不随心身欲。六、易得坐禅。七、易读诵经。八、少睡眠。九、身轻易起。十、欲望心薄。我已经从火汤炉炭的痛苦里解脱出来了，你说，我怎么可能再重入火坑，毁灭自己呢？"弟弟坚定地说。阿育王听了这一番剖白，就不再坚持自己的意见了，但心中对于安贫乐道的修行人，以无为有的胸怀，生起更深的敬意。

空无，并不是一无所有，它只是让人们减少对物质的依赖，这样反而能照见内心无限的宝藏。而现代人，却不懂得安分，即使有了财富、情色、名位、权势，他们仍然在不停地追逐，常常压得自己喘不过气来。

为了舒缓心情，有的人借着出国旅游去散心解闷，希冀能求得一刻的安宁，但终究不是根本之策。

佛经上说"少一分物欲，就多一分发心；少一分占有，就多一分慈悲"，这是禅者的安贫乐道。翻开禅史，会发现有的禅师，下一顿的饭还没有着落，却仍然悠闲地说："没有关系，我有清风明月！"有的禅师，则是皇帝请他下山却不肯，宁愿以山间的松果为食，与自然同在。正所谓："昨日相约今日期，临行之时又思维；为僧只宜山中坐，国事宴中不相宜。"

有一位富翁来到一个美丽寂静的小岛上，见到当地的一位农民，就问道："你们一般在这里都做些什么呀？"

"我们在这里种田过活呀！"农民回答道。

富翁说："种田有什么意思呀？而且还那么辛苦！"

"那你来这里做什么？"农民反问道。

富翁回答："我来这里是为了欣赏风景，享受与大自然同在的感觉！我平时忙于赚钱，就是为了日后要过这样的生活。"

农民笑着说："数十年来，我们虽然没有赚很多钱，但是我们却一直都过着这样的日子啊！"

听了农民的话，这位富翁陷入了沉思。

也许，生活简单一点，心里负荷就会减轻一些。外出到远方，眼前的繁华美景，不过是一时的安乐，与其辛苦地去更换一个环境，不如换一个心境，任人世物换星移，沧海桑田，做个安贫乐道、闲云野鹤的无事人。

所以，人要真正获得自在、宁静，最要紧的就是安贫乐道。春秋战国时代的颜回"一瓢饮，一箪食，人不堪其忧，而回亦不改其乐"是一种安贫乐道；东晋田园诗人陶渊明"采菊东篱下，悠然见南山"是一种安贫乐道；近代弘一法师"咸有咸的味，淡有淡的味"也是一种安贫乐道。

那么，为什么唯有他们才能做到乐道呢？那是因为他们超脱了尘世俗物的牵绊，看清了人生真正最具价值的所在。

淡言淡语 >>>

世事沧桑变换，贫富皆尽体味。一切铅华洗净之后，粗茶淡饭亦是人生真正的滋味。

按捺住你的浮躁

这世间本不存在绝对的完美，在人生旅途中，有太多的未知因素影响着我们，这其中既有顺境亦有逆境。或许此时，我们风生水起、无往不利；或许彼时，我们步履艰难、如履薄冰。面对人生中的林林总总，倘若我们能够抱持"任凭风浪起，稳坐钓鱼台"的态度，将心置于安定之中，不随外物的流转而变动，我们的生活就会潇洒许多。

从前有一位神射手，名叫后羿。他练就了一身的好本领，立射、跪射、骑射样样精通，而且箭箭都能正中靶心，从来没有失过手。人们争相传颂他高超的射技，对他敬佩有加。

后羿也对这位神射手的本领早就有所耳闻，很是希望看到他的表演。于是有一天，夏王将后羿召入宫中，要后羿单独给他一个人表演一番，以便尽情领略他那炉火纯青的射技。

夏王命人将后羿带到御花园，寻了一处开阔地，叫人拿来了一块一尺见方、靶心直径大约一寸的兽皮箭靶,并用手指着说:"今天请你来,是想请你展示一下你那精湛的射箭本领,这个箭靶就是你的目标。为了使这次表演不至于因为没有竞争而沉闷乏味,我来给你定个赏罚规则:如果射中了,我就赏赐给你黄金万两;如果射不中,那就要削减你一千户的封地。现在请先生开始吧。"

后羿听了夏王的话,一言不发,面色变得凝重起来。他慢慢走到离箭靶一百步的地方,脚步显得相当沉重。然后,后羿取出一支箭搭上弓弦,摆好姿势拉开弓开始瞄准。

想到自己这一箭射出去可能发生的结果,一向镇定的后羿呼吸变得急促起来,拉弓的手也微微颤抖,拉弓数次都没有将箭射出去。最后,后羿终于下定决心松开了弦,箭应声而出,"啪"地一声钉在距离靶心足有几寸的地方。后羿脸色瞬间苍白起来,他再次弯弓搭箭,精神却更加难以集中,射出去的箭也就偏得更加离谱。

后羿收拾弓箭,勉强赔笑向夏王告辞,悻悻地离开了王宫。夏王在失望的同时掩饰不住心头的疑惑,于是问手下道:"这个神箭手后羿平时射起箭来百发百中,为什么今天跟他定下了赏罚规则,他就大失水准了呢?"

手下解释说:"后羿平日射箭,不过是一般练习,在一颗平常心之下,水平自然可以正常发挥。可是今天他射出的成绩直接关系到他的切身利益,叫他怎能静下心来充分施展技艺呢?看来一个人只有真正把赏罚置之度外,才能成为当之无愧的神箭手啊!"

利益之下,人往往会患得患失,倘若过分计较自己的利益,则成功必然会与我们相距甚远。从后羿身上,我们应该认识到——人,无论在何种情况下,都要尽力保持平常心。

在现实生活中,我们常自以为如何如何才是最好,但事与愿违的事情时有发生，往往令我们意不能平。其实，我们所拥有的，无论是顺境还是逆境，都是上天对于我们最好的安排。倘若能够认识到这一点，你便能在顺境中心存感恩，在逆境中依旧心存喜乐。

然而，在某些人的内心深处，总是有那么一股力量使他们茫然、令他们感到不安，让他们心灵一直无法归于宁静，这种力量就是浮躁！浮躁不仅是人生的大敌，而且还是各种心理疾病的根源所在。

相传古时有兄弟二人，他们都很有孝心，每日上山砍柴换钱为老母亲治病。

一位神仙为他们的孝心所感动，决定帮助他们。于是神仙告诉二人说，用四月的小麦、八月的高粱、九月的稻、十月的豆、腊月的雪放在千年泥做成的大缸内，密封七七四十九天，待鸡叫三遍后取出，汁水可卖大价钱。

兄弟两人各按神仙教的办法做了一缸。待到四十九天鸡叫二遍时，老大耐不住性子打开缸，一看里面是又臭又酸的水，便生气地洒在地上。老二则坚持到了鸡叫三遍后才揭开缸盖，发现里边是又香又醇的酒。

"洒"与"酒"只差一横，只早了那么一小会儿，便造就了两种截然不同的命运。人生在世，必要时，我们需要在心中添上一把柴，以使希望之火燃得更加旺盛；有些时候，我们又要在心中加一块冰，让自己沸腾的心静下来，剔除那些不切实际的欲望。其实，只要我们能够真正静下心来，我们就一定会比现在好得多。

淡言淡语 >>>

浮躁这种情绪，可以说是我们成功路上的最大绊脚石。人一旦浮躁起来，就会进入一种激动状态中，火气变大，神经越发紧张，久而久之便演化成一种固定性格，使人在任何环境下都无法平静下来，因而在无形中做出很多错误的判断，造成诸多难以弥补的损失。长此以往，便会形成一种恶性循环，终使我们被淹没于生活的急流之中。所以说，一个人若想在人生中有所建树，首先就要平心静气，其次便是要脚踏实地。

常怀忏悔之心

在日常生活中，我们在有心无心之间不知做错了多少事情，说错了多少言语，动过多少妄念，只是我们没有觉察罢了。所谓"不怕无明起，只怕觉照迟"，这种从内心觉照反省的功夫就是忏悔。忏悔在生活中有什么作用呢？它能帮助我们什么？第一，忏悔是认识错误的良心；第二，忏悔是弃恶向善的方法；第三，忏悔是净化身心的力量。

悟明与悟静一同听道。禅师正讲"不杀生"的戒律，坐在悟静身边的一个魁伟的大汉悄悄对悟静说："我是一名刽子手，可是我知道我罪恶深重，想改恶从善。我还能修道吗？"

悟静重重地点了一下头，道："能！"

在回家的路上，悟明责怪悟静，说："你为什么骗那个刽子手？他杀了那么多人，明明要受到报应入地狱的！"

悟静反问："你能成佛吗？"

悟明想了想，道："应该可以。"

悟静问："你每天喝水吗？"

悟明有些茫然，但还是回答说："当然。"

"你知道一口水中有多少生灵吗？"

"佛说，一口水有八万四千条生灵。"

"它们杀过人吗？"

"没有。"

"它们抢过钱财吗？"

"没有。"

"它们打劫放火吗？"

"没有。"

"那么你每天随意残杀无辜生灵尚能成佛，他如何不能修道呢？"

人无忏悔之心便无药可医，佛说："人有时因无知而犯罪，或因愤恨，或因误会而犯罪。事后，自知无理，来求忏悔谢罪，此人确是难得，有上德行，但受者反不肯接受其忏悔，必欲报复。如果是这样的话，那么犯罪者已无罪，而不接受忏悔者，反成为积集怨结之人。"

平时我们的衣服肮脏了，穿在身上非常不舒服，把它洗干净再穿，觉得神清气爽；身体有了污垢也要沐浴，沐浴以后，浑身上下舒服自在；茶杯污秽了，要用清水洗净，才再能装茶水；家里尘埃遍布，也要打扫清洁，住在里面才会心旷神怡。这些外在的环境器物和身体肮脏了，我们知道拂拭清洗，但是我们内在的心染污时，又应该怎样去处理呢？

当我们的心受到染污的时候，要用清净忏悔的净水来洗涤，才能使心地没有污秽邪念，使人生有意义。

在日常衣食住行的生活中，有了忏悔的心情，就能得到恬淡快乐。好像穿衣时，想到"慈母手中线，游子身上衣"的古训，想到一针一线都是慈母辛苦缝制成的，那密密爱心多么令人感激！这样一想一忏悔，布衣粗服不如别人美衣华服的怨气就消除了。吃饭时，想到"一粥一饭来之不易"，粒粒米饭都是农夫汗水耕耘，我们何德何能，岂可不好好珍惜盘中餐？惭愧忏悔的心一生，蔬食淡饭的委屈也容易平息了。住房子，看到别人住华厦美居，心生羡慕，要想想"金角落，银角落，不及自家的穷角落"，觉得有一间陋室可以栖身，可以居住，那总要比多少流落街头，躲在屋檐下避风雨的人好得多了，忏悔心一发，自然住得安心舒适了。出门行路，看到别人轿车迎送，风驰电掣好不风光，但想到别人得到这些，不知要熬过多少折磨，吃过多少苦楚，是心血耕耘得来的，而自己还努力不够，功夫不深，自然应该安步当车，这样，也就洒脱自在了。

忏悔是我们生活里时刻不可缺少的一种言行。忏悔像法水一样，可以洗净我们的罪业；忏悔像船筏一样，可以运载我们到解脱的彼岸；忏悔像药草一样，可以医治我们的烦恼百病；忏悔像明灯一样，可以照亮我们的无明黑暗；忏悔像城墙一样，可以保护我们的身心六根。《菜根谭》里说："盖世功德，抵不了一个矜字；弥天罪过，当不了一个悔字。"犯了错而知道忏悔，再重的过错也就有了改正的开端。

忏悔是重新认识和评价自我、重新更迭和安顿自我的一种非常重要的途径。忏悔的意思是"承认错误"，但是承认错误之后，还要负起责任，准备承受这个错误所带来的一切后果，这才是忏悔的功能。

一般来说，忏悔有三种方法：第一是对自己的良心忏悔；第二是对我们所亏欠的人忏悔；第三则是当众忏悔。在当下承认错误的同时，对自己负责，也对他人负责。

其实在我们一生之中，无意间对不起的人有很多很多，他很可能就是我们的父母、兄弟姊妹等最亲近的亲人；我们伤他们的心，让他们受苦受难，而自己并不知道，甚至有时候让人家受苦受难，心中还在幸灾乐祸，希望他再苦一点，这样才能发泄我们心中的不满。有这样的向恶心理，都应该要忏悔。如果我们平常能够天天忏悔的话，我们的身心行为就会越来越清净。

> **淡言淡语** >>>
>
> 一念忏悔，使我们原本缺憾的生活，突然时时风光，处处自在，变得丰足无忧了，这就是能够常行忏悔的好处。

不自是而露才

"灵芝与草为伍，不闻其香而益香，凤凰偕鸟群飞，不见其高而益高。"人生于世，唯有善藏者，才能一直立于不败之地！

三国时期的杨修，在曹营内任行军主簿，思维敏捷，甚有才名。有一次建造相府里的一所花园，才造好大门的构架，曹操前来察看之后，不置可否，一句话不说，只提笔在门上写了一个"活"字就走了，手下人都不解其意，杨修说："'门'内添'活'字，乃'阔'字也。丞相嫌园门阔耳。"于是再筑围墙，改造完毕又请曹操前往观看。曹操大喜，问是谁解此意，左右回答是杨修，曹操嘴上虽赞美几句，心里却很不舒服。又有一次，塞北送来一盒酥，曹操在盒子上写了"一盒酥"三字。正巧杨修进来，看了盒子上的字，竟不待曹操说话自取来汤匙与众人分而食之。曹操问是何故，杨修说："盒上明书一人一口酥，岂敢违丞相之命乎？"曹操听了，虽然面带笑容，可心里十分厌恶。

杨修这个人，最大的毛病就是不看场合，不分析别人的好恶，只管卖弄自己的小聪明。当然，如果事情仅仅到此为止的话，也还不会有太大的问题，谁想杨修后来竟然渐渐地搅和到曹操的家事里去，这就犯了曹操的大忌。

在封建时代，统治者为自己选择接班人是一件极为严肃的事情，每一个有希望接班的人，不管是兄弟还是叔侄，可说是个个都红了眼，所以这种斗争往往是最凶残、最激烈的。但是，杨修却偏偏在如此重大的问题上不识时务，又犯了卖弄自己小聪明的老毛病。

曹操的长子曹丕、三子曹植，都是曹操准备选择做继承人的对象。曹植能诗赋，善应对，很得曹操欢心。曹操想立他为太子。曹丕知道后，就秘密地请歌长（官名）吴质到府中来商议对策，但害怕曹操知道，就把吴质藏在大竹片箱内抬进府来，对外只说抬的是绸缎布匹。这事被杨修察觉，他不加思考，就直接去向曹操报告，于是曹操派人到曹丕府前进行盘查。曹丕闻知后十分惊慌，赶紧派人报告吴质，并请他快想办法。吴质听后很冷静，让来人转告曹丕说："没关系，明天你只要用大竹片箱装上绸缎布匹抬进府里去就行了。"结果可想而知，曹操因此怀疑杨修想帮助曹植来陷害曹丕，十分气愤，就更加讨厌杨修了。

还有，曹操经常要试探曹丕和曹植的才干，每每拿军国大事来征询两人的意见，杨修就替曹植写了十多条答案，曹操一有问题，曹植就根据条文来回答，因为杨修是相府主簿，深知军国内情，曹植按他写的答案回答当然事事中的，曹操心中难免又产生怀疑。后来，曹丕买通曹植的亲信随从，把杨修写的答案呈送给曹操，曹操当时气得两眼冒火，愤愤地说："匹夫安敢欺我耶！"

又有一次，曹操让曹丕、曹植出邺城的城门，却又暗地里告诉门官不要放他们出去。曹丕第一个碰了钉子，只好乖乖回去，曹植闻知后，又向他的智囊杨修问计，杨修很干脆地告诉他："你是奉魏王之命出城的，谁敢拦阻，杀掉就行了。"曹植领计而去，果然杀了门官，走出城去，曹操知道以后，先是惊奇，后来得知事情真相，愈加气恼。

曹操性格多疑，深怕有人暗中谋害自己，谎称自己在梦中好杀人，告诫侍从在他睡着时切勿靠近他，并因此而故意杀死了一个替他拾被子的侍从。可是当埋葬这个侍者时，杨修喟然叹道："丞相非在梦中，君乃在梦中耳！"曹操听了之后，心里愈加厌恶杨修，于是开始找茬子要除掉这个不知趣的家伙了。

不久，机会终于来了！建安24年（公元219年），刘备进军定军山，老将黄忠斩杀了曹操的亲信大将夏侯渊，曹操自率大军迎战刘备于汉中。谁知战事进展很不顺利，双方在汉水一带形成对峙状态，使曹操进退两难，要前进害怕刘备，要撤退又怕遭人耻笑。一天晚上，心情烦闷的曹操正在大帐内想心事，此时恰逢厨子端来一碗鸡汤，曹操见碗中有根鸡肋，心中感慨万千。这时夏侯惇入帐内禀请夜间号令，曹操随口说道："鸡肋！鸡肋！"于是人们便把这句话当作号令传了出去。行军主簿杨修即叫随从收拾行装，准备归程。夏侯惇见了便惊恐万分，把杨修叫到帐内询问详情。杨修解释道："鸡肋鸡肋，弃之可惜，食之无味。今进不能胜，退恐人笑，在此何益？来日魏王必班师矣。"夏侯惇听了非常佩服他说的话，营中各位将士便都打点起行装。曹操得知这种情况，差点气炸心肝肺，大怒道："匹夫怎敢造谣乱我军心！"于是，喝令刀斧手，将杨修推出斩首，并把首级挂在辕门之外，以为不听军令者戒。

曹操的"鸡肋"、"一盒酥"及门中的"活"字等都是一种普通的智力测验，是一种文字游戏。他的出发点并不是真为了给大家出题测试，而是为了卖弄自己的超人才智，因此，他主观上并不希望有谁能够点破，只想等人来请教。在这种情况下，哪怕你猜着了，也只能含而不露，甚至还要以某种意义上的"愚笨"去衬托上司的"才智"。但是，杨修却毫不隐讳地屡屡点破了曹操的迷局。

锋芒外露，显然不是高明的处世之道。自恃才华，放旷不羁，人们难免会觉得你轻浮、不靠谱，一不小心还会招致横祸。杨修如何？其人才思敏捷，聪颖过人，才华、学识莫不出众，单从他数次摸透曹操心思，足见其过人之处。然而，他恃才放旷、极爱显摆，最终落得个身首异处、命殒黄泉的下场。由此可见，做人必须要事事谨慎、时时谦虚，尽量将你刺眼的光芒隐藏起来，如此才是明哲保身之道。我们每个人都想成就一番事业，可成功难免招致嫉妒，当遭到别人嫉妒时，倘若你依旧不懂韬光养晦，那很可能就要大祸临头了。

淡言淡语 >>>

正所谓"显眼的花草易招摧折"，自古才子遭嫉、美人招妒的事难道还少吗？所以，无论你有怎样傲人的资本，你都没炫耀显露的必要。要知道，人性往往有阴暗的一面，一旦你大意了，张扬了，你或许本身并没有夸耀逞强的意思，但别人早已看你不顺眼。如若这时你还不能及时醒悟，赶紧用低调的策略保护自己，你就是在将自己置于吉凶未卜的漩涡急流当中，到时，即使你想抽身也难了。

"无常"面前多从容

人们害怕无常，不喜欢无常带来的负面改变。但是，任何现象都是一体两面的，有白天就有黑夜，有好就有坏，有对就有错，有生就有死，有天堂就有地狱，因此不必害怕无常，反而要勇敢地接受无常，迎接它令人欢喜的一面，也接受它使人痛苦的另一面。

有一位妇人，她只生了一个儿子，因此，她对这唯一的孩子百般呵护，特别关爱。可是，天有不测风云，人有旦夕祸福，妇人的独生子忽然染上恶疾，即使妇人尽其所能延请各方名医来给她的儿子看病，但是，医师们诊视以后都相继摇头叹息，束手无策。不久，妇人的独生子就离开了人世。

这突然而至的打击，就像晴天霹雳，让妇人伤透了心。她天天守在儿子的坟前，夜以继日地哀伤哭泣。她形若槁木，面如死灰，悲伤地喃喃自语："在这个世间，儿子是我唯一的亲人，现在他竟然舍下了我先走了，留下我孤苦伶仃地活着，有什么意思啊？今后我要依靠谁啊？……唉！我活着还有什么意义呢？"

妇人决定不再离开坟前一步，她要和自己心爱的儿子死在一起！四五天过去了，妇人一粒米也没有吃，她哀伤地守在坟前哭泣，爱子就此永别的事实如锥刺心，实在是让妇人痛不欲生啊！

这时，远方的佛陀在定中观察到这个情形，就带领五百位清净比丘前往墓冢。佛陀与比丘们是这么样地安详、庄严，当这一行清净的队伍宁静地从远处走过来时，她认出了佛陀！她忽然想到世尊的大威德力，正可以解除她的烦忧。于是她迎上前去，向佛陀五体投地行接足礼。佛陀慈祥地望着她，缓缓地问道："你为什么一个人孤单地在这墓冢之间呢？"妇人忍住悲痛回答："伟大的世尊啊！我唯一的儿子带着我一生的希望走了，他走了，我活下去的勇气也随着他走了！"佛陀听了妇人哀痛的叙述，便问道："你想让你的儿子死而复生吗？""那是我的希望！"妇人仿佛是水中的溺者抓到浮木一般。

"只要你点着上好的香来到这里，我便能咒愿，使你的儿子复活"。佛陀接着嘱咐，"但是，记住！这上好的香要用家中从来没有死过人的人家的火来点燃。"

妇人听了，二话不说，赶紧准备上好的香，拿着香立刻去寻找从来没有死过人的人家的火。她见人就问："您家中是否从来没有人过世呢？""家父前不久刚往生。""妹妹一个月前走了。""家中祖先乃至于与我同辈的兄弟姊妹都一个接着一个过世了。"……妇人始终不死心，然而，问遍了村里的人家，没有一家是没死过人的，她找不到这种火来点香，失望地走回坟前，向佛陀说："大德世尊，我走遍了整个村落，每一家都有家人去世，没有家里不死人的啊……"

佛陀见因缘成熟，就对妇人说："这个婆婆世界的万事万物，都是遵循着生灭、无常的道理在运行；春天，百花盛开，树木抽芽，到了秋天，树叶飘落，乃至草木枯萎，这就是无常相。人也是一样的，有生必有死，谁也不能避免生、老、病、死、苦，并不是只有你心爱的儿子才经历这变化无常的过程啊！所以，你又何必执迷不悟，一心寻死呢？能活着，就要珍惜可贵的生命，运用这个人身来修行，体悟无常的真理，从苦中解脱。"老妇人听了佛陀为她宣说无常的真谛，立刻扭转了自己错误的观念知见，此时围绕在冢间观看的数千人群，在听闻佛法真理的当下，也一起发起了无上菩提心。

生命每时每刻都在不停地消逝，然而能洞察到这一点的人却不多，洞察到能够超越的人更是微乎其微。通常，人们总是沉浸在种种短暂幻化泡沫式的欢乐中，不愿意正视这些。然而，无常本就是生命存在的痛苦事实，故生命从来就没有停止流逝。

然而生命的流逝乃至消失，又是必须面对的事实。逃避是不可能的，也无法逃避。无常的真理在事物中无时无刻不在现身说法，依恋的亲人突然间死去，熟悉的环境时有变迁，周围的人物也时有更换。享受只是暂时，拥有无法永恒。

秦皇汉武、唐宗宋祖，转眼间，而今都已不在。人世间的荣耀与悲哀，到最后统统埋在土里，化作寒灰。他们活着的时候，南征北战，叱咤风云，风流占尽，转眼间失意悲伤，仰天长啸，感叹人世，瞑目长逝了，也都化成一抔寒灰，连缅怀的袅袅香烟皆无。如果生前尚能冷静地反省，一定会明晓生活在世界上是大可不必吵闹不休的。"闲云潭影空悠悠，物换星移几度秋？阁中帝子今何在？槛外长江空自流。"

春该常在，花应常开，而春来了又去了，了无踪迹；花开了又落了，花瓣也被夜里的风雨击得粉碎，混同泥尘，流得不知去处。

的确，人们每提起"人生无常"这个观念，大多认为意义是负面的，但我们是否曾从相反的角度来考虑问题——若不是有无常的存在，花儿永远不会开放，始终保持含苞的姿态，那大自然不是太无趣了吗？大自然中，当花草树木的种子悄悄地掉落大地，无常就开始包围着它们，让阳光、土和水来滋养和改变它们，不消多久，植物的种子开始生根、发芽、长叶、开花和结果，让人们惊异于生命的可贵，这是无常带来的改变，这种改变是一种喜悦。

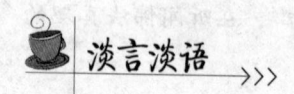

淡言淡语 >>>

人生的无常，为我们带来了种种经历，一份经历的洗礼，预示着多一份稳重、多一份淡定，这何尝不是好事？人生本无常，世事最难料，从容面对才是真！

耐得住一时寂寞

滚滚红尘中，谁能耐得住寂寞，淡看风花雪月事？达人当观物外之物，思身后之身。宁受一时之寂寞，毋取万古之凄凉！

一个能够坚守道德准则的人，也许会寂寞一时；一个依附权贵的人，却会有永远的孤独。心胸豁达宽广的人，考虑到死后的千古名誉，所以宁可坚守道德准则而忍受一时的寂寞，也绝不会去依附权贵而遭受万世的凄凉。

西汉文学家扬雄世代以农桑为业,家产不过十金,"乏无儋石之储",却能淡然处之。他口吃不能疾言,却好学深思,"博览无所不见",尤好圣哲之书。扬雄不汲汲于富贵,不戚戚于贫贱,"不修廉隅以徼名当世"。

40多岁时,扬雄游学京师。大司马车骑将军王音"奇其文雅",召为门下史。后来,扬雄被荐为待诏,以奏《羽猎赋》合成帝旨意,除为郎,给事黄门,与王莽、刘歆并立。哀帝时,董贤受宠,攀附他的人有的做了二千石的大官。扬雄当时正在草拟《太玄》,泊淡自守,不趋炎附势。有人嘲笑他,"得遭明盛之世,处不讳之嘲",竟然不能"画一奇,出一策",以取悦于人主,反而著《太玄》,使自己位不过侍郎,"擢才给事黄门",何必这样呢?扬雄闻言,著《解嘲》一文,认为"位极者宗危,自守者身全"。表明自己甘心"知玄知默,守道之极;爱清爱静,游神之廷;惟寂惟寞,守德之宅",决不追逐势利。

王莽代汉后,刘歆为上公,不少谈说之士用符命来称颂王莽的功德,也因此授官封爵,扬雄不为禄位所动,依旧校书于天禄阁。王莽本以符命自立,即位后,他则要"绝其原以神前事"。可是甄丰的儿子甄寻、刘歆的儿子刘棻却不明就里,继续作符命以献。王莽大怒,诛杀了甄丰父子,将刘棻发配到边远地方,受牵连的人,一律收捕,无须奏请。刘棻曾向扬雄学作奇字,扬雄不知道他献符命之事。案发后,他担心不能幸免,身受凌辱,就从天禄阁上跳下,幸好未摔死。后以不知情,"有诏勿问"。

道德这个词看起来有点高不可攀,但仔细回味,却如吃饭穿衣,真切自然,它是人人所恪守的行为准则。在中国历史的发展过程中,才人辈出,却大浪淘沙,说到底,归于文格、人格之高低。真正有骨气的人,恪守道德,甘于清贫,尽管贫穷潦倒,寂寞一时,终受世人赞颂。

不少现代人畏惧寂寞，其实，它可使浅薄的人浮躁，使空虚的人孤苦，也可使睿智的人深沉，使淡泊的人从容。

北宋文豪苏轼因"乌台诗案"被贬至黄州为团练副史4年后，写下一篇短文：

"元丰六年十月十二日，夜，解衣欲睡，月色入户，欣然起行。念无与为乐者，遂至承天寺，寻张怀民。怀民亦未寝，相与步于庭中，庭下如积水空明，水中藻荇交横，盖竹、柏影也。何夜无月？何处无竹柏？但少闲人如吾两者耳。"

透过寂寞，我们品咂出几分潇洒、几分自如。

古今中外，智者们往往独守这份寂寞，因为他们深知，最好的往往是最寂寞的，一个人要想成功，必须能够承受寂寞。

淡言淡语 >>>

其实，寂寞是一种难得的感觉，在感到寂寞时轻轻地合上门和窗，隔去外面喧闹的世界，默默地坐在书架前，用粗糙的手掌爱抚地拂去书本上的灰尘，翻着书页嗅觉立刻又触到了久违的纸墨清香。

莫为生死受折磨

生与死，就在于心的回眸，解脱就在当下。你只要放下那个原来的自己，也就放下了原来的所有问题。而解脱，就是打破了心的壁垒，在更广阔的天空里翱翔。

死亡，于禅者而言，视之为生；于俗者而言，视之为终，禅也好，俗也罢，生死都难料，何不淡然处之？

有两个人从乡下来到城市，几经磨难，终于赚了很多钱。后来年纪大了，就决定回乡下安享晚年。在他们回乡的路上，死神装扮成一位白衣老者，手拿一面铜锣，在那里等他们。

他们问："您在这做什么？"

死神说："我是专门帮人敲最后一声铜锣的人。你们两个都只剩下七天的生命，到第七天黄昏的时候，我会拿着铜锣到你们家的门外敲，你们一听到锣声，生命就结束了。"

讲完后，死神便消失不见了。

这两人一听就愣住了：在城市里辛苦了那么多年，赚了这么多钱，要回来享福了，没想到却只剩下七天好活的日子了。

两人各自回家后，第一个人从此不吃不喝，每天在想："怎么办？只剩七天可活！"他就这样垂头丧气，面如死灰，什么事也不做，只想着那个老人要来敲铜锣。

他一直等，等到第七天的黄昏，整个人已如泄了气的皮球。

终于，那个老人来了，拿着铜锣站在他家门外，"咚"地敲了一声。一听到锣声，他就立刻倒下去，死了。

为什么呢？因为他一直在等这一声，等到了，也就死了。

第二个人心想："太可惜了，赚了那么多钱，只剩下七天可活。我自小就离家，从没为家乡做过什么，我应该把这些钱拿出来，分给家乡所有苦难和需要帮助的人。"

于是，他把所有的钱都分给了穷苦的人，又铺路又造桥，光是处理这些事就让他忙得不得了，哪还记得七天以后的铜锣声。

到了第七天，他才把所有的财产都散光了。村民们都很感谢他，于是就请了铜鼓戏到他家门口来庆祝，场面非常热闹，舞龙舞狮，又放鞭炮，又放烟火。

到了第七天黄昏，死神依约出现，在他家门外敲铜锣。他敲了好几声铜锣，可是大伙全都没听到，死神知道再怎么敲也没用，只好走了。

这个有钱人过了好多天才想起老人要来敲锣的事，心里还纳闷："怎么他失约了？"

死亡对于消极的人来说是一种折磨，对于积极的人则是一种重生的机会。生命本就遵循着它自身的规律，有生就有死，当你有幸来到这个世界时，就该在心里感谢上天的这一恩赐，活着的时候尽自己的所能为这个世界奉献自己的一点微薄之力，而当死亡来临时，也应从容淡定，无怨无悔地接受你该接受的事实。生时不能珍惜该珍惜的，死时又眷恋红尘，不愿离去，这便是一个不够合格的人。

在这里有六种对死亡的认识：

死如出狱——苦难聚集的身体如同牢狱，死亡好像是从牢狱中释放出来，不再受种种束缚，得到了自由。

死如再生——"譬如从麻出油，从酪出酥"，死亡是另一种开始，不是结束。

死如毕业——生的时候如同在学校念书，死亡就是毕业了。

死如搬家——有生无不死，死只不过是从身体这个破旧腐朽的屋子搬出来，回到心灵高深广远的家。如同《出曜经》上说"鹿归于野，鸟归虚空，真人归灭"。

死如换衣——死亡就像脱掉穿破了的衣服，再换上另外一件新衣裳一样。《楞严经》云："十方虚空世界，都在如来心中，犹如片云点太清。"一世红尘，种种阅历，都是浮云过眼，说来也只不过是一件衣服而已。

死如新陈代谢——我们人身体上的组织每天都需要新陈代谢，旧的细胞死去，新的细胞才能长出来；生死也像细胞的新陈代谢一样，旧去新来，绵延不绝，使生命更可珍贵。

有站着死的，坐着死的，走着死的，倒立着死的，覆船死的，真的是"将头临白刃，犹如斩春风"一般洒脱自在。

这和浪漫主义者对死亡的憧憬以及一般人对死亡的服从是多么的不同。这也正是一个禅者的生活态度，面对生死，可以超脱生死，面对尘世，亦可超脱尘世，任何外物都无法牵绊他们的心灵，束缚他们的从容。

我们总是对死亡过度恐惧。

既然死亡是我们谁也不可能避免的事，既正常又绝对，那么我们自欺欺人又有什么用？难道这样就能阻止死亡的到来吗？

如果抗拒与不安不能避免死亡，那么何不怀着希望与安心迎接死亡？

对我们而言，肉体的死亡是不可避免的。若将之认定为生命终点站，之后一切将归于零，那我们就会因为绝望而放弃很多美好！

一个人，只有对死亡有了正确的认识，其思想才可以升华到更光明的境界。

淡言淡语 >>>

一个人死了，所有的一切都没有任何意义了，在佛家，认为这是不正确的"断见"。活着的时候我们尽自己的能力追求事业，不辞辛劳，追求心灵的超越，付出努力；一旦我们面临死亡，就能坦然离开。

第八辑 身居红尘闹市，任心一片清净